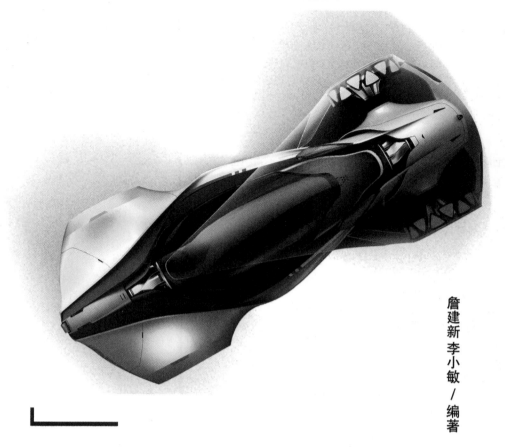

詹建新 李小敏／编著

AutoCAD 2020
机械设计与三维绘图
从新手到高手

清华大学出版社

北京

内 容 简 介

本书共分14章，内容涵盖AutoCAD经典界面、基本绘图指令、基本编辑指令、精确绘制图形指令、面域与图案填充、线型、图层、标注、文字、表格、块、螺纹紧固件及其联接的画法、三维实体、多线等方面的内容。本书按照国家标准的要求，详细讲解螺纹紧固件及其联接的画法、尺寸标注的方法、自定义图案的使用方法，同时详细介绍了罗马字符和希腊字符的输入方法。

本书通过典型的实例，结合AutoCAD初学者遇到的实际问题，深入浅出地引导读者学习AutoCAD软件中常用的绘图编辑命令和绘图技巧。本书具有很强的针对性和实用性，且结构严谨、叙述清晰、内容丰富、通俗易懂，可作为大中专院校相关专业及CAD培训机构的教材，也可作为从事CAD绘图工作的工程技术人员的自学用书。

图书在版编目（CIP）数据

AutoCAD 2020机械设计与三维绘图从新手到高手 / 詹建新, 李小敏编著. -- 北京 : 清华大学出版社, 2021.6
（从新手到高手）

ISBN 978-7-302-57537-5

Ⅰ.①A… Ⅱ.①詹… ②李… Ⅲ.①机械设计－计算机辅助设计－AutoCAD软件 Ⅳ.①TH122

中国版本图书馆CIP数据核字(2021)第022703号

责任编辑： 陈绿春
封面设计： 潘国文
责任校对： 胡伟民
责任印制： 宋　林

出版发行： 清华大学出版社
　　　　　　网址：http://www.tup.com.cn，http://www.wqbook.com
　　　　　　地址：北京清华大学学研大厦A座　　　　邮编：100084
　　　　　　社总机：010-62770175　　　　　　　　邮购：010-83470235
　　　　　　投稿与读者服务：010-62776969，c-service@tup.tsinghua.edu.cn
　　　　　　质量反馈：010-62772015，zhiliang@tup.tsinghua.edu.cn
　　　　　　课件下载：http://www.tup.com.cn，010-83470236
印 装 者： 小森印刷霸州有限公司
经　　销： 全国新华书店
开　　本： 188mm×260mm　　　**印　张：** 15.75　　　**字　数：** 405千字
版　　次： 2021年6月第1版　　　　　　　　　　**印　次：** 2021年6月第1次印刷
定　　价： 49.00元

产品编号： 089356-01

前言

本书是根据国家职业技能鉴定中、高级制图员考试及 AutoCAD 软件应用能力认证一级考试的大纲要求，结合编者多年的教学和企业实践经验，精心提炼、转化和设计了大量学习任务编写而成的。书中任务的选取和设计贴近工作岗位和生产一线，贴近学习兴趣和教学实际，做到理论学习有载体、技能训练有实体，有利于激发学习兴趣，让读者在掌握知识和技能的同时，获得学习的成就感，实现学以致用、无缝对接。根据工学一体化教学的指导思想，本书的编写采用了项目教学和任务驱动教学的理念，涵盖了 AutoCAD 2020 基础知识、简单平面图形的绘制、复杂平面图形的绘制、文字创建与平面图形的标注、机械图样的绘制、实体建模、三维产品设计等内容。

有不少从事机械设计的工作人员，对螺纹紧固件及其联接的画法并不熟悉，所绘制的图形不规范，存在错误。针对这种情况，本书专门用一章的篇幅，按照国家标准的要求，详细讲解螺纹紧固件及其联接的画法，希望能帮助读者按国家标准绘制螺纹紧固件及其联接。

还有不少从事机械设计的工作人员，在尺寸标注时不规范，尺寸数字与其他线条发生干涉，这是机械制图中不允许的，本书专门用一章的篇幅，按照国家标准的要求，讲解尺寸标注的方法，并详细讲解如何使尺寸数字与其他线条避免发生交叉。

本书专门用一章的篇幅，详细介绍了自定义剖面的创建方法，可以根据绘图的需要，将一些特殊的图形定义为剖面图案，例如水波纹图形、六角形图形等，保存在图案库中，可以使剖面图案更丰富。

本书第 1 章～第 7 章由仲恺农业工程学院李小敏老师编写，第 8 章～14 章由广东省华立技师学院詹建新老师编写，全书由詹建新老师负责审稿。

本书适合职业院校数控、模具等现代加工制造类专业作为教材使用，也可以作为国家职业技能鉴定中、高级制图员考试，AutoCAD 软件应用能力认证一级考试，以及高技能人才培训教材，还可以作为机械类工人岗位培训或初学者的自学用书。

作者

2021 年 4 月

目录

第 1 章 AutoCAD 2020 入门

本章学习 AutoCAD 2020 经典界面的使用方法，了解设置图形的系统参数、样板图，熟悉创建新图形文件和打开已有文件的方法等，还需要掌握 AutoCAD 绘图的基本知识，以及样板图设置的操作过程。

1.1 自建 AutoCAD 经典界面

新安装的 AutoCAD，在启动后的默认界面比较暗淡，菜单栏和工具条都没有出现在界面中，为了在绘图时方便单击相应的按钮，在 AutoCAD 经典界面中，将常用的菜单栏和工具条放置在界面中，这样在工作时会比较方便。建立 AutoCAD 经典界面的步骤如下。

01 启动 AutoCAD 2020，在快速访问工具栏中单击菜单按钮▼，在该菜单中选择"显示菜单栏"命令，如图 1-1 所示。

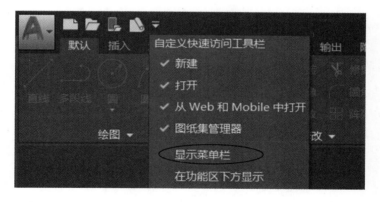

图 1-1

02 选择"文件"→"新建"命令，在"选择样板"对话框中单击"打开（O）"按钮旁的▼图标，在弹出的菜单中选择"无样板打开 - 公制（M）"命令，如图 1-2 所示。

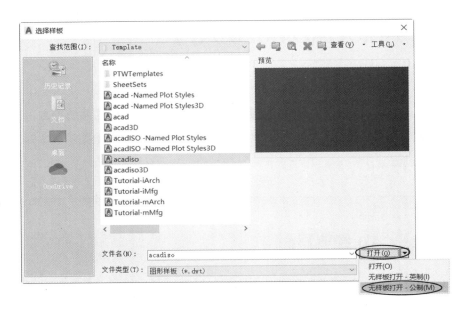

图 1-2

03 进入 AutoCAD 2020 界面，如图 1-3 所示。

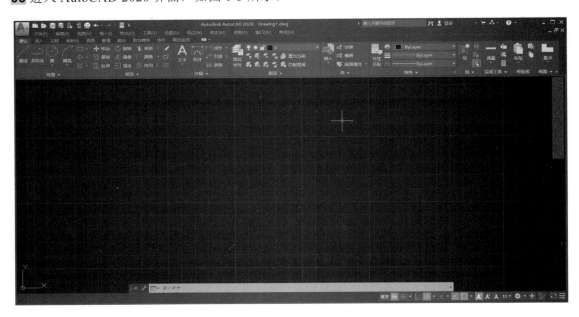

图 1-3

04 进入"工具"→"选项板"→"功能区"子菜单，取消选中"快捷菜单"选项。

05 进入"工具"→"工具栏"→ AutoCAD 子菜单，在该子菜单中选中"修改""图层""工作空间""标准""样式""特性""绘图"和"绘图次序"选项，如图 1-4 所示。

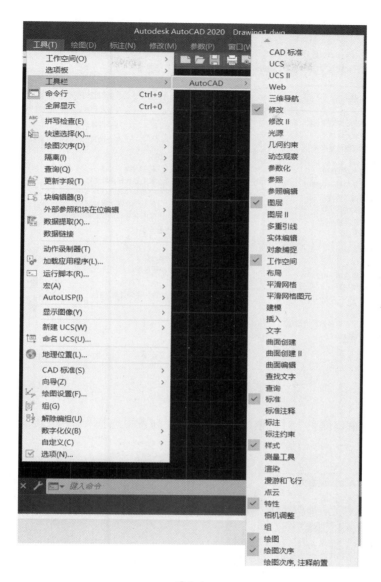

图 1-4

06 拖动"标准""样式""图层"和"特性"工具栏至合适的位置，如图 1-5 所示。

图 1-5

07 拖动"命令"工具栏到绘图区的左下角。

08 选择"工具（T）"→"选项（N）"命令，在弹出的"选项"对话框的"颜色主题"下拉列表中选择"明"选项，并单击"颜色"按钮，如图 1-6 所示。

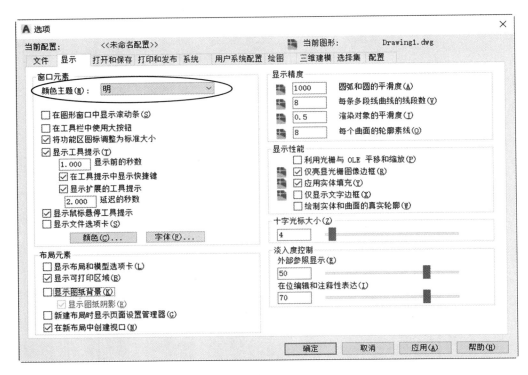

图 1-6

09 在弹出的"图形窗口颜色"对话框的"颜色"下拉列表中选择"白"选项,单击"确定"按钮,如图 1-7 所示。

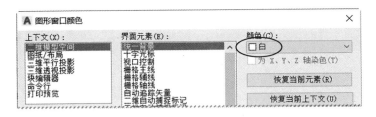

图 1-7

10 在"选项"对话框中,调整"十字光标大小"滑块的位置,可以调整光标的大小。

11 单击"确定"按钮,AutoCAD 的界面呈白色。

12 在"状态"栏中单击"栅格"按钮,如图 1-8 所示,隐藏界面的栅格。

图 1-8

13 在界面左上角单击 [-][俯视][二维线框] 前面的 - 符号,在弹出的菜单中取消选中 "ViewCube""导航栏"选项,如图 1-9 所示。

图 1-9

14 在"状态"栏中单击"齿轮"按钮旁的三角形图标，在弹出的菜单中选择"将当前工作空间另存为…"命令，如图 1-10 所示。

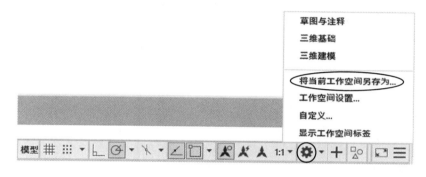

图 1-10

15 在弹出的"保存工作空间"对话框中输入"AutoCAD 经典界面"，如图 1-11 所示。

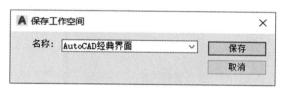

图 1-11

16 单击"保存"按钮，当前界面作为模板保存。

17 再次在"状态"栏中单击"齿轮"按钮旁的三角形图标，在弹出的菜单中可以查看到已保存的模板。

1.2　AutoCAD 经典界面简介

AutoCAD 经典界面主要由标题栏、菜单栏、工具栏、绘图工具条、绘图窗口、文本窗口、命令行、状态行等部分组成，如图 1-12 所示。

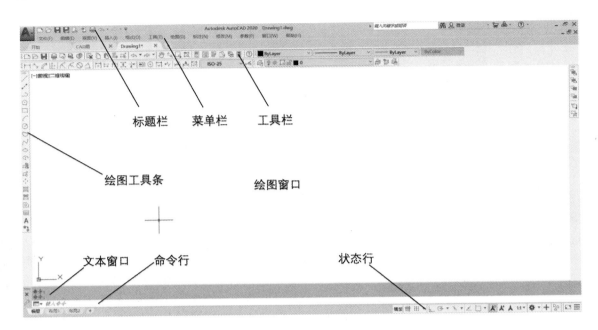

图 1-12

1. 标题栏

标题栏位于程序窗口的顶部，用于显示当前正在运行的程序名及文件名等信息，如果是 AutoCAD 默认的图形文件，其名称为 DrawingN.dwg（N 表示序号）。单击标题栏右侧的相应按钮，可以最小化、最大化或关闭应用程序窗口。标题栏最左侧是应用程序的小图标，单击该图标将会弹出一个 AutoCAD 窗口控制菜单，可以完成"最小化""最大化窗口""恢复窗口""移动窗口"或"关闭 AutoCAD"等操作。

2. 菜单栏

中文版 AutoCAD 软件的菜单栏由"文件（F）""编辑（E）""视图（V）""插入（I）""格式（O）""工具（T）""绘图（D）""标注（N）""修改（M）""参数（P）""窗口（W）""帮助（H）"菜单组成，每个菜单中又有若干子菜单，几乎包含了 AutoCAD 中全部的功能命令。

3. 工具栏

工具栏是应用程序调用命令的另一种方式，它包含许多由图标表示的命令按钮。在 AutoCAD 中，共提供了 20 多个已命名的工具栏。默认情况下，"标准""属性""绘图""修改"等工具栏处于打开状态。如果要显示被隐藏的工具栏，可以在任意工具栏上右击，此时会弹出一个快捷菜单，通过选择相应的命令显示相应的工具栏，同样，也可以采用相同的方法隐藏相应的工具栏。

4. 绘图工具条

在 AutoCAD 中，大部分绘图命令在绘图工具栏中都有对应的命令按钮。如果没有显示需要的命令按钮，可以自行添加。如绘图工具条中默认没有多线（mline）命令按钮，就要自行添加，具体步骤为：选择"视图（V）"→"工具栏（O）"→"命令"命令，在弹出的"绘图"对话框中找到"多线"选项，将其拖出并放到任何已有工具条中即可。

5. 绘图窗口

在 AutoCAD 中，绘图窗口是主要的工作区域，所有的绘图结果都显示在该窗口中。可以根据需要关闭其周围和内部的工具栏，以增大绘图面积。如果图纸比较大，需要查看更多的区域，可以单击窗口右侧与底部滚动条上的箭头按钮，或拖动滚动条上的滑块来移动图纸。

在绘图窗口中除了显示当前的绘图结果外，还显示当前使用的坐标系类型，以及坐标原点、X 轴、Y 轴、Z 轴的方向等。默认情况下，坐标系为世界坐标系（WCS）。

绘图窗口的下方有"模型"和"布局"选项卡，单击相应的标签可以在模型空间或图纸空间之间切换。

6. 命令行

"命令行"窗口位于绘图窗口的底部，用于接收用户输入的命令，并显示 AutoCAD 的提示信息。在 AutoCAD 中，"命令行"窗口可以通过拖放变成浮动窗口。

如果命令行被隐藏，可以按组合键 Ctrl+9，将其显示出来。

7. 文本窗口

文本窗口是用来记录 AutoCAD 命令的窗口，是放大的"命令行"窗口，它记录了已执行的命令，也可以用来输入新命令。

文本窗口的高度默认只能显示两行代码，如果需要查看以前输入的代码，可以拖动文本窗口的边沿，调高文本窗口的高度。

在 AutoCAD 中，可以选择"视图"→"显示"→"文本窗口"命令、执行 TEXTSCR 命令或按 F2 键来打开 AutoCAD 文本窗口。

8. 状态行

状态行包括"栅格""捕捉格栅""正交""极轴""等轴测""显示捕捉参照""捕捉到二维参照点""最小化 / 最大化视图""显示注释对象""切换工作空间"和"最小化 /

最大化窗口"等功能按钮，如图 1-13 所示。

图 1-13

1.3 AutoCAD 基本操作方法

1.3.1 调用命令方式

调用 AutoCAD 命令的一般方法有两种，一种是在命令行中输入命令全称或简称；另一种是选择一个菜单命令或单击工具栏上的命令按钮。一个典型的命令执行过程如下。

```
命令 :C↙                              // "C"是 Circle 的缩写，"↙"表示 Enter
指定圆的圆心或 ［三点（3P）/两点（2P）/相切、相切、半径（T）］:90,100 ↙
        //输入圆心坐标
指定圆的半径或 ［直径（D）］: 70 ↙                              //输入圆半径
```

执行上述命令后，会以（90,100）为圆心，以 70mm 为半径，绘制一个圆。

说明：在方括号[]中，以/隔开的内容表示各个选项，若要选择某个选项，则需输入圆括号（）中的字母，可以是大写或小写形式。如果以 3 点画圆，就输入 3P。尖括号 <> 中的内容是当前的默认值。

1.3.2 设置图形单位

图形单位可以分为毫米（mm）和英寸（inch），我国常用的单位是毫米（mm），在绘图前，应先设定图形单位，设置图形单位的步骤如下。

01 选择"格式（O）"→"单位"命令，或在命令行输入 UNITS（或 UN）。

02 在弹出的"图形单位"对话框中定义"长度"和"角度"的图形单位，如图 1-14 所示。

03 单击"确定"按钮，AutoCAD 将按照设置的图形单位绘图。

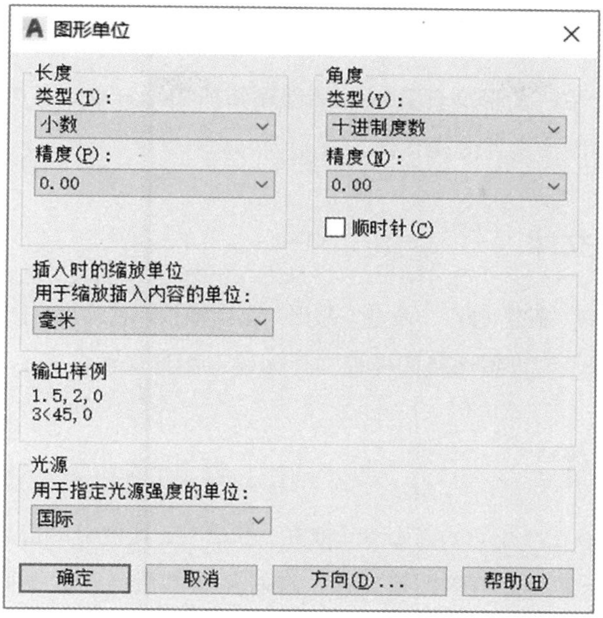

图 1-14

1.3.3　设置图形界限

使用 LIMITS 命令可以在工作区中设置一个矩形绘图区域，该命令有两个选项："开（ON）"和"关（OFF）"。当设置为"开（ON）"时，不能在界限外绘制图形；当设置为"关（OFF）"时，取消 LIMITS 设置，可以在界限外绘制图形。

选择"格式（O）"→"图形界限"命令，或在命令行中输入 LIMITS，并按 Enter 键，如图 1-15 所示。

```
X  LIMITS
   重新设置模型空间界限：
   指定左下角点或 [开(ON)/关(OFF)] <0.0000,0.0000>: 0,0
   指定右上角点 <420.0000,297.0000>: 420,297
```

图 1-15

输入（0,0）✓	//备注：必须在非中文状态下输入逗号。
输入（420,297）✓	//备注：✓表示按 Enter 键，本书不再提示。

执行该命令后，只能在以左下角为（0,0），右上角为（420,297）的矩形范围内绘制图形。

1.4 图形文件管理

在 AutoCAD 2020 中，图形文件管理包括创建新的图形文件、打开已有的图形文件、关闭图形文件，以及保存图形文件等操作。

1.4.1 创建新图形文件

选择"文件（F）"→"新建（N）"命令，弹出"选择样板"对话框。在该对话框中，单击"打开"按钮旁边的▼图标，可以按选择的样板文件创建新图形文件。

1.4.2 打开图形文件

选择"文件（F）"→"打开（O）"命令，或在"标准"工具栏中单击"打开"按钮，弹出"选择文件"对话框，选择需要打开的图形文件，在右侧的"预览"框中将显示该图形文件的预览图像。默认情况下，可以打开的图形文件的格式为 dwg。

在 AutoCAD 中有"打开""以只读方式打开""局部打开"和"以只读方式局部打开"4种打开文件的方式。当以"打开"或"局部打开"方式打开文件时，可以对打开的图形进行编辑，如果以"以只读方式打开"或"以只读方式局部打开"方式打开文件时，则不能对打开的图形进行编辑。

1.4.3 保存图形文件

在 AutoCAD 中，可以使用多种方式将所绘图形保存，例如，可以选择"文件"→"保存"（QSAVE）命令，或在"标准"工具栏中单击"保存"按钮，以当前的文件名保存图形文件，也可以选择"文件（F）"→"另存为（A）"命令，以新的名称保存文件。

在第一次保存所绘图形时，系统将弹出"图形另存为"对话框。默认情况下，文件以dwg 格式保存，也可以在"文件类型"下拉列表中选择其他格式，如 dxf 等。

1.4.4 关闭图形文件

选择"文件（F）"→"关闭（C）"命令，或在绘图窗口中单击"关闭"按钮，可以关闭当前图形文件。

如果当前图形文件没有保存，系统将弹出 AutoCAD 警告对话框，如图 1-16 所示，询问是否保存文件。如果单击"是（Y）"按钮或直接按 Enter 键，可以保存当前图形文件并将其关闭；如果单击"否（N）"按钮，可以关闭当前图形文件但不保存；如果单击"取消"按钮，取消关闭当前图形文件的操作，即不保存也不关闭。

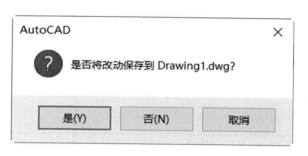

图 1-16

如果当前编辑的图形文件没有命名，那么，单击"是（Y）"按钮后会弹出"图形另存为"对话框，要求指定图形文件保存的路径和名称。

1.5　AutoCAD 快捷键

AutoCAD 2020 是一款专业的制图软件，其通过繁多的快捷键代替执行命令的操作，记忆并灵活运用这些快捷键，有利于提高绘图速度。

绘图快捷键

功能	快捷键	功能	快捷键	功能	快捷键
圆	C	点	PO	直线	L
圆弧	A	椭圆	EL	表格	TB
矩形	REC	面域	REG	创建块	B
插入块	I	多段线	PL	构造线	XL
图案填充	H	样条曲线	SPL	正多边形	POL

标注快捷键

功能	快捷键	功能	快捷键	功能	快捷键
线型标注	DLI	对齐标注	DAL	弧长标注	DAR
坐标标注	DOR	半径标注	DRA	折弯标注	DJO
直径标注	DDI	角度标注	DAN	快速标注	QDIM
基线标注	DBA	连续标注	DCO	形位公差	TOL
标记圆心	DCE	折弯线型	DJL	编辑标注	DED
标注样式	DST				

修改快捷键

功能	快捷键	功能	快捷键	功能	快捷键
删除	E	复制	CO	镜像	MI
偏移	O	阵列	AR	移动	M
旋转	RO	缩放	SC	拉伸	S
裁剪	TR	延伸	EX	打断	BR
合并	J	倒角	CHA	圆角	F
分解	X	删除	DEL	实时缩放	Z

文字快捷键

功能	快捷键	功能	快捷键	功能	快捷键
多行文字	MT	单行文字	DT	修改文字	ED
查找替换	FIND	拼写检查	SP		

样式快捷键

功能	快捷键	功能	快捷键	功能	快捷键
文字样式	ST	表格样式	TS	引线样式	MLS

图层快捷键

功能	快捷键	功能	快捷键	功能	快捷键
图层管理	LA	图层状态	LAS	冻结图层	ayfrz
关闭图层	layoff	锁定图层	laylck	解锁图层	layulk

功能键

快捷键	功能	快捷键及组合键	功能	组合键	功能
F1	帮助	F11	对象捕捉追踪	Ctrl+G	栅格
F2	打开文本	F12	动态输入	Ctrl+B	栅格捕捉
F3	对象捕捉	Ctrl+N	新建文件	Ctrl+F	对象捕捉
F4	三维对象捕捉	Ctrl+O	打开文件	Ctrl+L	正交
F5	等轴测平面转换	Ctrl+S	保存文件	Ctrl+W	对象追踪
F6	允许/禁止动态 UCS	Ctrl+P	打印文件	Ctrl+U	极轴
F7	格栅显示	Ctrl+Z	放弃	Ctrl+1	修改特性
F8	正交模式	Ctrl+X	剪切	Ctrl+2	设计中心
F9	捕捉模式	Ctrl+C	复制		
F10	极轴追踪	Ctrl+V	粘贴		

第2章　基本绘图指令

本章学习 AutoCAD 2020 的基本绘图指令，了解在 AutoCAD 2020 中，直角坐标、极坐标、球面坐标和柱面坐标的表现形式。

2.1　坐标的表示方式

在 AutoCAD 中，坐标的表示方法有 4 种类型，即绝对直角坐标（X,Y）、相对直角坐标（@x,y）、绝对极坐标（$x<a$）、相对极坐标（@$x<a$），它们的特点如下。

绝对直角坐标：在平面内绘制两条互相垂直且有公共原点的数轴。其中横轴为 X 轴，纵轴为 Y 轴。这样我们就说，在平面上建立了平面直角坐标系，简称"直角坐标系"，其表达式为（X 方向增量，Y 方向增量），即（X,Y）。例如点（2.0,-1.2）等，表示该点分别到 X、Y 轴的位移分别为 2.0、-1.2。

相对直角坐标：在 AutoCAD 中，相对直角坐标是将前一个输入点的坐标作为当前输入坐标值的参考点，它的表示方法是在绝对直角坐标前加上 @，表示方式为（@X 方向增量,Y 方向增量），即（@X,Y）。如（@-13,8），表示该点相对于前一个点在 X、Y 轴方向上的位移分别为-13、8。

绝对极坐标：是指在平面内由极点、极轴和极径组成的坐标系。在平面上取定一点 O，称为"极点"。从 O 出发引一条射线 Ox，称为"极轴"。这样，平面上任意一点 P 的位置就可以用线段 OP 的长度 ρ，以及从 Ox 到 OP 的角度 θ 来确定，有序数对（ρ,θ）就称为 P 点的极坐标，记为 P（ρ,θ）。其中 ρ 称为 P 点的"极径"，θ 称为 P 点的"极角"，通常规定角度取逆时针方向为正。表示方式为"距离＜角度"，即（$R<\theta$），例如，点（4.27<60），表示该点到（0,0）的距离为 4.27，极角为 60°。

相对极坐标：在 AutoCAD 中，相对极坐标是将前一个输入点的坐标作为下一个输入坐标值的参考点，它的表示方法是在绝对极坐标表达方式前加上 @，即"@ 距离＜角度"。例如 @11<24，表示以上一点为极点，该点与前一点的距离为 11，极角为 24°。

例 2-1　已知 O 为原点，A 为起点，B 为终点，如图 2-1 所示。分别用绝对坐标（X,Y）、相对坐标（@x,y）、绝对极坐标（$x<a$）和相对极坐标（@$x<a$）表示 B 点坐标。

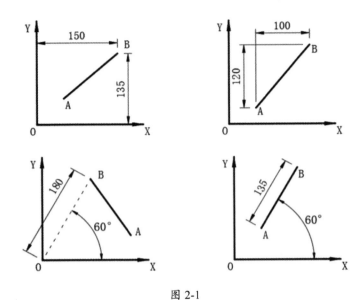

图 2-1

（1）*B* 点的绝对坐标为 150,135。

（2）*B* 点的相对坐标为 @100,120。

（3）*B* 点的绝对极坐标为 180<60。

（4）*B* 点的相对极坐标为 @135<60。

在绘图过程中不是自始至终只能使用一种坐标方式，而可以将多种坐标方式混合使用。用户可以根据绘图的实际情况选择最为有效的坐标方式，例如，可以从绝对坐标开始，然后改为相对极坐标或相对坐标等。

例 2-2　同时用几种不同的坐标方式，绘制如图 2-2 所示的图形。

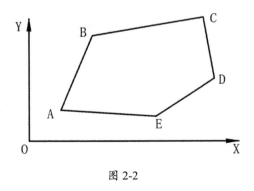

图 2-2

| 命令：L✓ | // L 是 Line 命令的缩写 |
| 50,50 ✓ | // A 点，绝对坐标 |

```
@50,120 ↙                                    // B 点，相对坐标
340<36 ↙                                     // C 点，绝对极坐标
@100<280 ↙                                   // D 点，相对极坐标
200,40 ↙                                     // E 点，绝对坐标
C ↙                                          //封闭命令
```

2.2　建立用户坐标系 UCS

在 AutoCAD 软件中有两个坐标系，一个是世界坐标系（WCS），一个是用户坐标系（UCS）。默认情况下，这两个坐标系是重合的，WCS 坐标系位于工作区的左下角。

通常在二维视图中，WCS 坐标系的 X 轴为水平，Y 轴为垂直，原点为 X 轴和 Y 轴的交点。图形文件中的所有坐标均由 WCS 坐标系定义，但有时使用用户坐标系（UCS ）创建和编辑对象更方便。

例 2-3　在图 2-2 中，以 E 点为原点，ED 为 X 轴，建立用户坐标系。

命令：UCS ↙
UCS 指定 UCS 的原点或 [面（F）命名（NA）对象（OB）上一个（P）视图（V）世界（W）XYZ Z 轴（ZA）]< 世界 >：选择 E 点
再选择 D 点，然后确定 Y 轴方向，即可创建用户坐标系，如图 2-3 所示。

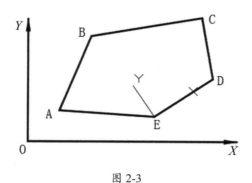

图 2-3

命令：UCS ↙
UCS 指定 UCS 的原点或 [面（F）命名（NA）对象（OB）上一个（P）视图（V）世界（W）XYZ Z 轴（ZA）]< 世界 >：W ↙　　　　　　　（坐标系恢复世界坐标系 （WCS））

例 2-4　在世界坐标系 （WCS）中，以（100,100）为原点，水平方向为 X 轴，建立用户坐标系。

命令：UCS ↙

```
    UCS 指定 UCS 的原点或 [ 面（F）命名（NA）对象（OB）上一个（P）视图（V）世界（W）XYZ  Z 轴（ZA）]<
世界 >：100,100 ✓
    指定 X 轴上的点或 < 接受 >：@100,0 ✓                                    // 指定 X 轴
    指定 XY 平面上的点或 < 接受 >：@0,100 ✓                                  // 指定 Y 轴
```

即可建立用户坐标系。

如果要恢复世界坐标系 （WCS），可以按下列步骤操作。

```
    命令：UCS ✓
    UCS 指定 UCS 的原点或 [ 面（F）命名（NA）对象（OB）上一个（P）视图（V）世界（W）XYZ  Z 轴（ZA）]<
世界 >：W ✓
```

2.3 删除

在 AutoCAD 中，使用"删除"命令，删除选中的对象。可以选择"修改（M）"→"删除（E）"命令，或在"修改"工具栏中单击"删除"按钮，删除选中的对象。

例 2-5 用 Erase 命令删除图 2-3 中的线条。

```
    命令：E ✓                                                      // Erase 命令的缩写
    选择对象：选择线条
    选择对象：✓
```

2.4 撤销

在AutoCAD 中，使用"撤销"命令（UNDO），可以返回上一步的操作。

例 2-6 撤销上一步的删除操作。

```
    命令：U ✓                                                      // Undo 命令的缩写
```

2.5 恢复

在 AutoCAD 中，使用"恢复"命令（REDO），可以恢复撤销的操作。

例 2-7 恢复上一步的操作。

```
    命令：Redo ✓
```

提示：

REDO命令必须在U或UNDO命令后立即执行，即只能对上次的U或UNDO命令有效。

2.6　绘制线

在 AutoCAD 中，只需要指定起点和终点即可绘制一条直线，可以用二维坐标（x,y）或三维坐标（x,y,z）来指定起点或终点，如果输入的是二维坐标，Z 轴坐标值默认为 0，或者用当前的高度作为 Z 轴坐标值。

选择"绘图（D）"→"直线（L）"命令，或在"绘图"工具栏中单击"直线"按钮，也可以在命令栏中输入 LINE 或 L，即可开始绘制直线。

例 2-8　用直线命令绘制边长为 150mm 的正方形，正方形的左下角坐标点为（30，30），如图 2-4 所示。

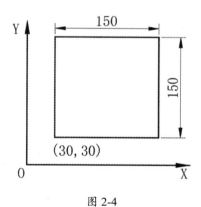

图 2-4

用相对直角坐标和相对极坐标绘制矩形，方法如下。

```
命令： L↙
30,30 ↙
@150,0 ↙
@0,150 ↙
@-150,0 ↙
C ↙
命令： L↙
30,30 ↙
@150<0 ↙
@150<90 ↙
```

```
@-150,0 ↙
C ↙
```

例 2-9　已知起点坐标为任意点，用相对极坐标命令绘制如图 2-5 所示的图形。

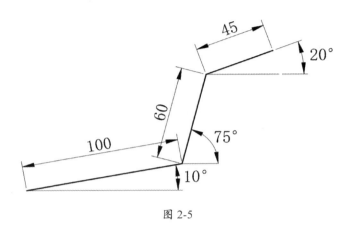

图 2-5

```
命令：UCS ↙
UCS 指定 UCS 的原点或 [ 面（F）命名（NA）对象（OB）上一个（P）视图（V）世界（W）XYZ  Z 轴（ZA）]<
世界 >：选择任意点                                  //确定坐标系位置
指定 X 轴上的点或 < 接受 >：@10,0                    //确定用户坐标的 X 轴方向
指定 XY 平面上的点或 < 接受 >：@0,10                  //确定用户坐标的 Y 轴方向
命令：L ↙
0,0 ↙                                           //输入起点坐标
@1000<0 ↙
U ↙                                             //上一步操作有误，撤销
@100<10 ↙                                        //输入正确的坐标值
@60<75 ↙
@45<20 ↙
命令：UCS ↙
UCS 指定 UCS 的原点或 [ 面（F）命名（NA）对象（OB）上一个（P）视图（V）世界（W）XYZ  Z 轴（ZA）]<
世界 >：W ↙
```

2.7　绘制射线

　　射线是一端固定，另一端无限延伸的直线。在 AutoCAD 中，射线主要用于绘制辅助线。

　　选择"绘图（D）"→"射线（R）"命令，或在"绘图"工具栏中单击"射线"按钮，
也可以在命令栏中输入 RAY，即可绘制射线，直到右击或按 Esc、 Enter 键退出为止。

```
命令：RAY ↙
指定起点：选择基准点
指定通过点：
```

2.8　绘制构造线

构造线是两端可以无限延伸的直线，没有起点和终点，在 AutoCAD 中，主要用于绘制辅助线。

选择"绘图（D）"→"构造线（T）"命令，或在"绘图"工具栏中单击"构造线"按钮，也可以在命令栏中输入 XLINE，即可绘制构造线，直到右击或按 Esc、Enter 键退出为止。

```
命令：XLINE ↙
指定点或 [ 水平（H）/ 垂直（V）/ 角度（A）/ 二等分（B）/ 偏移（O）]：选择基准点
指定通过点：
```

2.9　绘制点

在 AutoCAD 中，点可以分为单点、多点、定数等分点和定距等分点 4 种。

- 单点：选择"绘图（D）"→"点"→"单点"命令，可以在绘图窗口中一次指定一个点（注）。

- 多点：选择"绘图（D）"→"点"→"多点"命令，可以在绘图窗口中一次指定多个点，最后可按 Esc 键结束。

- 定数等分点：选择"绘图（D）"→"点"→"定数等分"命令，可以在指定的对象上绘制等分点或在等分点处插入块。

- 定距等分点：选择"绘图（D）"→"点"→"定距等分"命令，可以在指定的对象上按指定的长度绘制点或者插入块。

注意：

如果绘制后没有发现点，可以选择"格式（O）"→"点样式（P）"命令，在"点样式"对话框中单击 × 按钮，将"点大小"设为2%，如图2-6所示。

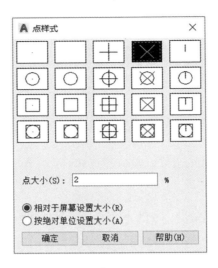

图 2-6

例 2-10　绘制一条直线，并在该线上绘制 9 个点，将该线 10 等分。

01 选择 "绘图（D）" → "点（O）" → "定数等分（D）" 命令，选择所绘制的直线。

02 在命令栏中输入 10。

03 在所选择的线上绘制 9 个点，将该线 10 等分，如图 2-7 所示。

例 2-11　以起点为（20，20），终点为（180，180）绘制一条直线，并在该线上绘制若干个点，每两点之间的距离是 15mm。

01 选择 "绘图（D）" → "点（O）" → "定距等分（M）" 命令，在视图中选择所绘制的直线。

02 在命令栏中输入 15。

03 在选中的线上绘制若干个点，每两点之间的距离是 15mm，如图 2-8 所示。

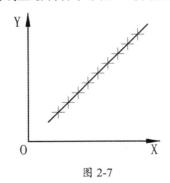

图 2-7

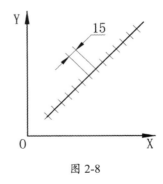

图 2-8

2.10　绘制矩形

在 AutoCAD 中，可以使用"矩形"命令绘制矩形。

选择"绘图（D）"→"矩形（G）"命令，或在"绘图"工具栏中单击"矩形"按钮，即可绘制出直角矩形、倒角矩形、圆角矩形、有厚度的矩形等多种类型的矩形。

1.　绘制直角矩形

```
命令：RECTANG ✓
指定第一个角点或 [倒角（C）/标高（E）/圆角（F）/厚度（T）/宽度（W）]：✓
指定另一个角点或 [面积（A）/尺寸（D）/旋转（R）]：✓
```

在绘图区中选择两个点，即可绘制一个直角矩形，如图 2-9（a）所示。

2.　绘制倒角矩形

```
再次单击 <Enter>                          //提示：重复上次的命令，可以直接按 Enter 键
RECTANG 指定第一个角点或 [倒角（C）标高（E）圆角（F）厚度（T）宽度（W）]：C✓
RECTANG 指定矩形的第一倒角距离 <0.0000>20 ✓
RECTANG 指定矩形的第一倒角距离 <0.0000>30 ✓
```

在绘图区中选择两个点并指定倒角距离，即可绘制一个带倒角的矩形，如图 2-9（b）所示。

3.　绘制圆角矩形

```
再次单击 <Enter>
RECTANG 指定第一个角点或 [倒角（C）标高（E）圆角（F）厚度（T）宽度（W）]：F✓
RECTANG 指定矩形的圆角半径 <0.0000>：10 ✓
```

在绘图区中选择两个点并指定圆角半径，即可绘制一个带圆角的矩形，如图 2-9（c）所示。

4.　绘制宽度矩形

```
再次单击 <Enter>
RECTANG 指定第一个角点或 [倒角（C）标高（E）圆角（F）厚度（T）宽度（W）]：W✓
RECTANG 指定矩形的线宽 <0.0000>：0.5 ✓
```

在绘图区中选择两个点并指定矩形线型宽度，即可绘制一个线条宽度为 5mm 的矩形，如图 2-9（d）所示。

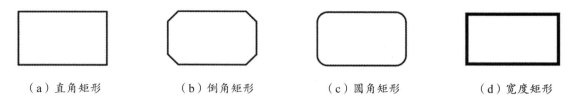

（a）直角矩形　　　　　（b）倒角矩形　　　　　（c）圆角矩形　　　　　（d）宽度矩形

图 2-9

2.11　绘制正多边形

在 AutoCAD 中，可以使用"正多边形"命令绘制正多边形。选择"绘图"→"正多边形"命令（POLYGON），或在"绘图"工具栏中单击"正多边形"按钮，可以绘制边数为 3 ~ 1024 的正多边形。

例 2-12 已知圆心为（40,30），半径为 20mm，以外切于圆的方式，绘制一个正六边形。

命令：POLYGON ✓
输入侧面数 <5>：6 ✓
指定正多边形的中心点或 [边（E）]：40,30 ✓
输入选项 [内接于圆（I）/外切于圆（C）] <C>：C ✓
指定圆的半径：20 ✓

在绘图区中生成一个外切于圆的正六边形，如图 2-10（a）所示。

例 2-13 已知圆心为（30,40），半径为 30mm，以内接于圆的方式，绘制一个正八边形。

命令：POLYGON ✓
输入侧面数 <5>：8 ✓
指定正多边形的中心点或 [边（E）]：50,35 ✓
输入选项 [内接于圆（I）/外切于圆（C）] <C>：I ✓
指定圆的半径：30 ✓

在绘图区中生成一个内接于圆的正八边形，如图 2-10（b）所示。

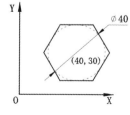

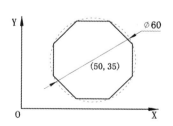

（a）外切于圆的正六边形　　　　　　　（b）内接于圆的正八边形

图 2-10

2.12　绘制圆

在 AutoCAD 中，有 6 种绘制圆的方法。选择"绘图（D）"→"圆（C）"子菜单中的命令，或单击"绘图"工具栏中的"圆"按钮即可绘制圆。

1. 以圆心和半径画圆

例 2-14　以（30,35）为圆心，绘制一个半径为 20mm，如图 2-11 中的圆（1）所示。

```
命令：C↙                                              // Circle 的缩写
指定圆的圆心或 [三点（3P）/两点（2P）/切点、切点、半径（T）]：30,35↙
指定圆的半径或 [直径（D）] <0.0000>: 20↙
```

2. 以圆心和直径画圆

例 2-15　以（80,25）为圆心，绘制一个直径为 30mm 圆，如图 2-11 中的圆（2）所示。

```
命令：C↙
指定圆的圆心或 [三点（3P）/两点（2P）/切点、切点、半径（T）]：80,25↙
指定圆的半径或 [直径（D）] <20.0000>: D↙
指定圆的直径 <40.0000>: 30↙
```

3. 以三点画圆

备注：三点不在一条直线上。

例 2-16　经过（45,80）、（60,112）、（88,98）三点，绘制一个圆，如图 2-11 中的圆（3）所示。

```
命令：C↙
指定圆的圆心或 [三点（3P）/两点（2P）/切点、切点、半径（T）]：3P↙
指定圆上的第一个点：45,80↙
指定圆上的第二个点：60,112↙
指定圆上的第三个点：88,98↙
```

4. 以两点画圆

备注：两点的连线为圆的直径。

例 2-17　经过（15,18）、（25,30）两个点，绘制一个圆，如图 2-11 中的圆（4）所示。

```
命令：C↙
指定圆的圆心或 [三点（3P）/两点（2P）/切点、切点、半径（T）]：2P↙
```

> 指定圆上的第一个点: 15, 18 ✓
> 指定圆上的第二个点: 25, 30 ✓

5. 与两个图素相切并指定半径画圆

例2-18 绘制一个圆，半径为30mm，与圆（1）、圆（3）相切，如图2-11中的圆（5）所示。

> 命令: C ✓
> 指定圆的圆心或 [三点（3P）/两点（2P）/切点、切点、半径（T）]: T
> 指定对象与圆的第一个切点: 选择圆（1）
> 指定对象与圆的第二个切点: 选择圆（3）
> 指定圆的半径 <15.0000>: 30 ✓

6. 与3个图素相切画圆

例2-19 绘制一个圆，同时与圆（2）、圆（3）、圆（4）相切，如图2-11中的圆（6）。

选择"绘图（D）"→"圆（C）"→"相切、相切、相切（A）"命令。

> 指定圆的圆心或 [三点（3P）/两点（2P）/切点、切点、半径（T）]: _3p 指定圆上的第一个点: _tan 到: 选择圆（2）
> 指定圆上的第二个点: _tan 到: 选择圆（3）
> 指定圆上的第三个点: _tan 到: 选择圆（4）

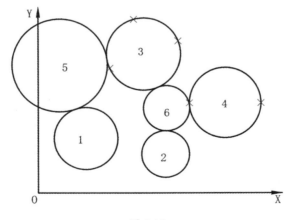

图2-11

2.13 绘制圆弧

在AutoCAD中，有10种绘制圆弧的方法，下面逐一介绍。

1. 使用"三点"命令画弧

可以通过指定三点来绘制圆弧，第一点定义圆弧的起点，第二点为圆弧上的某一点，第三点则定义圆弧的终点。

选择"绘图（D）"→"圆弧（A）"→"三点（P）"命令。

在工作区中任意选择不在同一条直线上的 3 个点，可以绘制一条圆弧。

2. 使用"起点、圆心和夹角"命令画弧

起点与圆心的连线绕圆心按逆时针方向旋转指定的角度所形成的圆弧。

例 2-20　以（25,18）为圆心，（30,20）为起点，夹角为 60 °，绘制圆弧，如图 2-12 所示。

选择"绘图（D）"→"圆弧（A）"→"起点、圆心、端点（S）"命令。

```
指定圆弧的起点或 [圆心（C）]：30,20 ↙
指定圆弧的圆心：25,18 ↙
指定圆弧的端点（按住 Ctrl 键以切换方向）或 [角度（A）/弦长（L）]：A ↙
指定夹角（按住 Ctrl 键以切换方向）：60° ↙
```

3. 使用"起点、圆心和长度"命令画弧

起点与圆心的连线绕圆心按逆时针方向旋转，圆弧的另一端点通过指定圆弧起点和端点之间的弦长确定。

例 2-21　以（35,18）为圆心，（40,20）为起点，弦长为 5mm，绘制圆弧，如图 2-13 所示。

选择"绘图（D）"→"圆弧（A）"→"起点、圆心、端点（S）"命令。

```
指定圆弧的起点或 [圆心（C）]：40,20 ↙
指定圆弧的圆心：35,18 ↙
指定圆弧的端点（按住 Ctrl 键以切换方向）或 [角度（A）/弦长（L）]：L ↙
指定夹角（按住 Ctrl 键以切换方向）：5 ↙
```

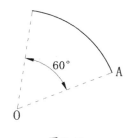

图 2-12

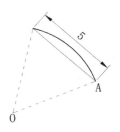

图 2-13

4. 使用"起点、端点和角度"命令画弧

圆心在起点与终点的垂直平分线上，圆心与起点、端点连线之间的夹角确定圆弧的圆心位置，所绘制的圆弧是从起点绕圆心按逆时针方向旋转所形成的劣弧。

经过不在一条直径上的 A、B 两点有 4 条圆弧，如图 2-14 所示，分别是 ACB、ADB、AEB、AFB，其中 ACB、AFB 为优弧，ADB、AEB 为劣弧。如果 A 是起点，B 是终点，则 ACB、ADB 是顺时针圆弧，AEB、AFB 是逆时针圆弧。

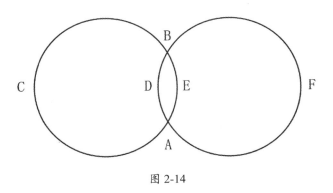

图 2-14

提示：

圆上任意两点之间的部分称为"弧"，直径的两个端点分圆成两条弧，每一条弧都称为"半"圆。大于半圆的弧称为"优弧"，小于半圆的弧称为"劣弧"。

例 2-22 以 A（40,15）为起点，B（30,20）为终点，圆心角为 60°，绘制圆弧，如图 2-15 所示。

选择"绘图（D）"→"圆弧（A）"→"起点、端点、角度（N）"命令。

```
指定圆弧的起点或 [圆心(C)]：40,15↙
指定圆弧的端点：30,20↙
指定夹角（按住 Ctrl 键以切换方向）：60↙
```

5. 使用"起点、端点和方向"命令画弧

使用起点、端点和起点的切线方向绘制圆弧。起点的切线方向可以通过在所需切线上指定一个点或输入角度来确定。

例 2-23 以 A（40,15）为起点，B（30,20）为终点，起点切线的角度为 125°，绘制圆弧，如图 2-16 所示。

选择"绘图（D）"→"圆弧（A）"→"起点、端点、方向（D）"命令。

```
指定圆弧的起点或 [圆心(C)]：40,15↙
```

指定圆弧的端点：30,20✓

指定圆弧起点的相切方向（按住 Ctrl 键以切换方向）：125✓

6. 使用"起点、端点和半径"命令画弧

起点绕圆心，按逆时针方向旋转至终点所形成的圆弧。当输入半径为正值时，绘制劣弧；当输入半径为负值时，绘制优弧。

例 2-24　以 A（40,15）为起点，B（30,20）为终点，半径为 12mm，绘制圆弧，如图 2-17 所示。

选择"绘图（D）"→"圆弧（A）"→"起点、端点、半径（R）"命令。

指定圆弧的起点或 [圆心（C）]：40,15✓

指定圆弧的端点：30,20✓

指定圆弧的半径（按住 Ctrl 键以切换方向）：12✓

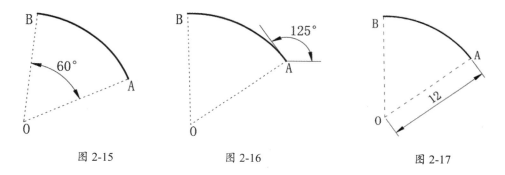

图 2-15　　　　　　　　图 2-16　　　　　　　　图 2-17

7. 使用"圆心、起点、端点"命令画弧

起点绕圆心，按逆时针方向旋转至终点所形成的圆弧。

例 2-25　以 O（25,5）为圆心，A（40,15）为起点，B（30,20）为终点，按逆时针方向绘制圆弧，如图 2-18 所示。

选择"绘图（D）"→"圆弧（A）"→"圆心、起点、端点（C）"命令。

指定圆弧的圆心：28,5✓

指定圆弧的起点：40,15✓

指定圆弧的端点（按住 Ctrl 键以切换方向）或 [角度（A）/弦长（L）]：30,20✓

8. 使用"圆心、起点、角度"命令画弧

通过指定圆心位置、起点位置和圆弧所对应的圆心角（包含角），按逆时针方向绘制圆弧。

例2-26　以O（28.5）为圆心，A（40,10）为起点，圆心角为60°，绘制圆弧，如图2-19所示。

选择"绘图（D）"→"圆弧（A）"→"圆心、起点、角度（E）"命令。

指定圆弧的圆心：　28,5✓

指定圆弧的起点：　40,10✓

指定夹角（按住 Ctrl 键以切换方向）：　60✓

9.使用"圆心、起点、长度"命令画弧

通过指定圆心位置、起点位置和弦长，按逆时针方向绘制圆弧。

例2-27　以O（28,5）为圆心，A（40,10）为起点，弦长为10mm，绘制圆弧，如图2-20所示。

选择"绘图（D）"→"圆弧（A）"→"圆心、起点、长度（L）"命令。

指定圆弧的圆心：　28,5✓

指定圆弧的起点：　40,10✓

指定弦长（按住 Ctrl 键以切换方向）：　10✓

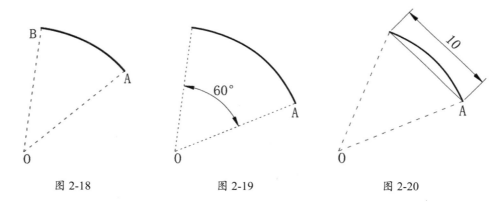

图 2-18　　　　　　　　图 2-19　　　　　　　　图 2-20

10.使用"继续"命令画弧

创建圆弧使其相切于上一次绘制的直线或圆弧。执行此命令时，命令行出现"指定圆弧的端点"的提示信息。

例 2-28　绘制圆弧

命令：A✓

指定圆弧的起点或 [圆心（C）]：30,13✓

指定圆弧的第二个点或 [圆心（C）/端点（E）]：E✓

指定圆弧的端点：15,25✓

指定圆弧的中心点（按住 Ctrl 键以切换方向）或 [角度（A）/方向（D）/半径（R）]：R✓

指定圆弧的半径（按住 Ctrl 键以切换方向）：15 ✓

命令：✓　　　　　　　　　　　　　　　//重复上次的命令，可以直接按 Enter 键

指定圆弧的起点或 ［圆心（C）］：30,13 ✓

指定圆弧的第二个点或 ［圆心（C）/端点（E）］：E ✓

指定圆弧的端点：15,25 ✓

指定圆弧的中心点（按住 Ctrl 键以切换方向）或 ［角度（A）/方向（D）/半径（R）］：R ✓

指定圆弧的半径（按住 Ctrl 键以切换方向）：-15 ✓

命令：✓

指定圆弧的起点或 ［圆心（C）］：C ✓

指定圆弧的圆心：15,0 ✓

指定圆弧的起点：2,3 ✓

指定圆弧的端点（按住 Ctrl 键以切换方向）或 ［角度（A）弦长（L）］：A ✓

指定夹角（按住 Ctrl 键以切换方向）：120 ✓

命令：✓

指定圆弧的起点或 ［圆心（C）］：✓　　　　　　　//自动以上一条弧的端点为起点

指定固的端点（按住 Ctrl 键以切换方向）：@60<10

命令：✓

指定圆弧的起点或 ［圆心（C）］：✓　　　　　　　//自动以上一条弧的端点为起点

指定固的端点（按住 Ctrl 键以切换方向）：@10<60

命令：✓

指定圆弧的起点或 ［圆心（C）］：2,3 ✓

指定圆弧的第二个点或 ［圆心（C）端点（E）］：E ✓

指定圆弧的端点：选择圆弧的上一条圆弧的端点。

指定圆弧的中心点（按住 Ctrl 键以切换方向）或 ［角度（A）/方向（D）/半径（R）］：D ✓

指定圆弧起点的相切方向（按住 Ctrl 键以切换方向）：10 ✓

6 条圆弧绘制的效果如图 2-21 所示。

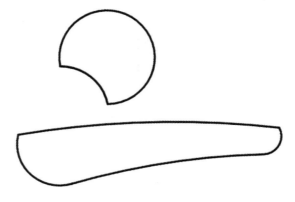

图 2-21

2.14　绘制椭圆

选择"绘图（D）"→"椭圆（E）"子菜单中的命令，或单击"绘图（D）"工具栏中的"椭圆"按钮，即可绘制椭圆。

有两种绘制椭圆的方法，一种方法是选择"绘图"→"椭圆"→"中心点"命令，指定椭圆中心、一个轴的端点（主轴）以及另一个轴的半轴长度绘制椭圆；另一种方法是选择"绘图"→"椭圆"→"轴、端点"命令，指定一个轴的两个端点（主轴）和另一个轴的半轴长度绘制椭圆。

例 2-29　以（60,30）为中心，长轴为 60mm，短轴为 30mm，绘制一个椭圆。

命令：ELLIPSE ↙
指定椭圆的轴端点或 [圆弧（A）/中心点（C）]： C↙
指定椭圆的中心点： 60,30 ↙
指定轴的端点： 90,30 ↙
指定另一条半轴长度或 [旋转（R）]： 60,45 ↙

绘制椭圆（1），如图 2-22 所示。

例 2-30　以（45,35）为中心，长轴为 40mm，短轴为 30mm，倾斜角为 30°，绘制一个椭圆。

命令：ELLIPSE ↙
指定椭圆的轴端点或 [圆弧（A）/中心点（C）]： C↙
指定椭圆的中心点： 45,35 ↙
指定轴的端点： @20<30 ↙
指定另一条半轴长度或 [旋转（R）]： @15<120 ↙

绘制椭圆（2），如图 2-23 所示。

例 2-31　以（20,10）和（50,10）为长轴的两个端点，半短轴为 5mm，绘制一个椭圆。

命令：ELLIPSE ↙
指定椭圆的轴端点或 [圆弧（A）/中心点（C）]： 20,10 ↙
指定轴的另一个端点： 50,10 ↙
指定另一条半轴长度或 [旋转（R）]： 5 ↙

绘制椭圆（3），如图 2-24 所示。

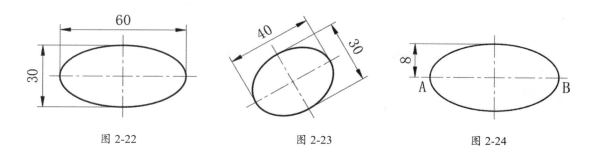

图 2-22　　　　　　　　　图 2-23　　　　　　　　　图 2-24

2.15　绘制椭圆弧

在 AutoCAD 中，椭圆弧的绘图命令和椭圆的绘图命令都是 ELLIPSE，但命令行的提示不同。选择"绘图"→"椭圆"→"圆弧"命令，或在"绘图"工具栏中单击"椭圆弧"按钮，都可以绘制椭圆弧。椭圆弧的正方向是沿逆时针从起点向终点。

例 2-32　以（100,50）和（10,50）为长轴的端点，半短轴为 40mm，起始角度为 30°，终止角度为 150°，绘制一个椭圆弧。

```
命令：ELLIPSE ✓
指定椭圆的轴端点或 [圆弧（A）/ 中心点（C）]：A ✓
指定椭圆弧的轴端点或 [中心点（C）]：100,50 ✓
指定轴的另一个端点：10,50 ✓
指定另一条半轴长度或 [旋转（R）]：40 ✓
指定起点角度或 [参数（P）]：30 ✓
指定端点角度或 [参数（P）/ 夹角（I）]：150 ✓
```

绘制的椭圆弧，如图 2-25 所示。

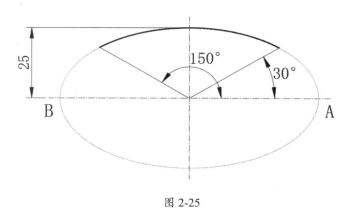

图 2-25

2.16 绘制圆环

在 AutoCAD 中，圆环的主要作用是绘制有宽度的圆。

例 2-33 以（10，10）为圆心，圆环的内径为 5mm，圆环的外径为 8mm，绘制一个圆环。

```
命令: DONUT ↙
指定圆环的内径 <0.5000>: 5 ↙
指定圆环的外径 <1.0000>: 8 ↙
指定圆环的中心点或 <退出>: 10,10 ↙
```

绘制一个圆环，如图 2-26 所示。

如果圆环的内径和外径相等，则绘制的是一个普通圆，如图 2-27 所示。

如果圆环的内径为 0，则绘制的是一个实心圆，如图 2-28 所示。

 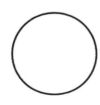 

图 2-26　　　　　　　图 2-27　　　　　　　图 2-28

2.17 多义线

多义线就是通常说的多段线，它是线段的组合体。例如 Z 字形的线条，如果是用线段画，那么就是 3 条线段；如果用多义线画，那就是一条多义线。而多段线无论绘制多少段都是一个整体，也可以将普通的首尾直线或圆环编辑成多义线。

例 2-34 绘制如图 2-29 所示的箭头。

图 2-29

```
命令: PL ↙                                      // Pline 命令的缩写
指定起点: 0,0 ↙
```

指定下一个点或［圆弧（A）/ 半宽（H）/ 长度（L）/ 放弃（U）/ 宽度（W）］：10,0 ✓

指定下一点或［圆弧（A）/ 闭合（C）/ 半宽（H）/ 长度（L）/ 放弃（U）/ 宽度（W）］：W ✓

指定起点宽度 <0.0000>：✓

指定端点宽度 <0.0000>：2 ✓

指定下一点或［圆弧（A）/ 闭合（C）/ 半宽（H）/ 长度（L）/ 放弃（U）/ 宽度（W）］：A ✓

指定圆弧的端点（按住 Ctrl 键以切换方向）或［角度（A）/ 圆心（CE）/ 闭合（CL）/ 方向（D）/ 半宽（H）/ 直线（L）/ 半径（R）/ 第二个点（S）/ 放弃（U）/ 宽度（W）］：@10<90 ✓

指定圆弧的端点（按住 Ctrl 键以切换方向）或［角度（A）/ 圆心（CE）/ 闭合（CL）/ 方向（D）/ 半宽（H）/ 直线（L）/ 半径（R）/ 第二个点（S）/ 放弃（U）/ 宽度（W）］：L ✓

指定下一点或［圆弧（A）/ 闭合（C）/ 半宽（H）/ 长度（L）/ 放弃（U）/ 宽度（W）］：@-10,0 ✓

指定下一点或［圆弧（A）/ 闭合（C）/ 半宽（H）/ 长度（L）/ 放弃（U）/ 宽度（W）］：W ✓

指定起点宽度 <2.0000>：6 ✓

指定端点宽度 <6.0000>：0 ✓

指定下一点或［圆弧（A）/ 闭合（C）/ 半宽（H）/ 长度（L）/ 放弃（U）/ 宽度（W）］：@-10,0 ✓

指定下一点或［圆弧（A）/ 闭合（C）/ 半宽（H）/ 长度（L）/ 放弃（U）/ 宽度（W）］：✓

例 2-35　将如图 2-30 所示中的普通线条编辑成多义线。

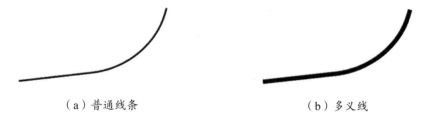

（a）普通线条　　　　　　　　　　　　（b）多义线

图 2-30

命令：L ✓　　　　　　　　　　　　　　　　　　　　　　　//先绘制普通的线条

指定第一个点：0,0 ✓

指定下一点或［放弃（U）］：15,3 ✓

指定下一点或［退出（E）/ 放弃（U）］：✓

在菜单栏中选择"绘图（D）"→"圆弧（A）"→"继续（O）"命令。

指定圆弧的起点或［圆心（C）］：✓

指定圆弧的端点（按住 Ctrl 键以切换方向）：@12<45 ✓

✓

命令：PEDIT ✓　　　　　　　　　　　　　　　　　　　　//将普通线条编辑成多义线

选择多段线或［多条（M）］：选择直线

选定的对象不是多段线，是否将其转换为多段线？ <Y>Y ✓

输入选项［闭合（C）/ 合并（J）/ 宽度（W）/ 编辑顶点（E）/ 拟合（F）/ 样条曲线（S）/ 非曲线化（D）/ 线型生成（L）/ 反转（R）/ 放弃（U）］：W ✓

指定所有线段的新宽度：2 ✓

```
输入选项 [闭合（C）/合并（J）/宽度（W）/编辑顶点（E）/拟合（F）/样条曲线（S）/非曲线化（D）
/线型生成（L）/反转（R）/放弃（U）]：J↙
    选择对象：选择圆弧
    选择对象：↙
    多段线已增加 1 条线段
    输入选项 [闭合（C）/合并（J）/宽度（W）/编辑顶点（E）/拟合（F）/样条曲线（S）/非曲线化（D）
/线型生成（L）/反转（R）/放弃（U）]：↙
```

提示：

可以用EXPLODE命令将多义线分解。

2.18 重新生成

在 AutoCAD 中，有时圆弧或者椭圆显示为多边形，如图 2-31（a）所示，此时在命令行输入 regen，即可显示为圆形，如图 2-31（b）所示。

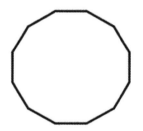
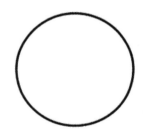

（a）显示为多边形　　　　　　　　（b）显示为圆形

图 2-31

又如，在圆的内部绘制若干点，滚动鼠标的滚轮，放大图形后，点的形状也较大，如图 2-32（a）所示。此时在命令行输入 regen，即可正常显示点的大小，如图 2-32（b）所示。

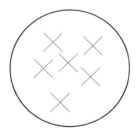
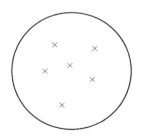

（a）点的形状较大　　　　　　　　（b）正常显示点的大小

图 2-32

2.19　平移

使用平移命令，可以重新定位图形，以便看清图形的其他部分。此时不会改变图形中对象的位置或比例，只改变视图。

2.19.1　平移菜单

选择"视图（V）"→"平移（P）"子菜单中的命令，如图 2-33 所示，或单击"标准"工具栏中的"实时平移"按钮，也可以在命令行直接输入 PAN 命令，都可以平移视图。 使用平移命令平移视图时，视图的显示比例不变。除了可以上、下、左、右平移视图，还可以使用"实时"和"点"命令平移视图。

图 2-33

2.19.2　实时平移

选择"视图（V）"→"平移（P）"→"实时"命令，此时鼠标指针变成小手形状，按住鼠标左键拖动，窗口内的图形即可按鼠标指针移动的方向移动。释放鼠标按键，可返回平移等待状态。按 Esc 键或 Enter 键退出平移模式。也可以在命令栏中输入平移命令。

例 2-36   将如图 2-34 所示的屏幕右侧的圆形平移至屏幕中间。

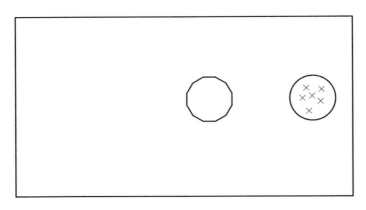

图 2-34

命令：P↙

或者

命令：ZOOM↙

全部（A）/ 中心（C）/ 动态（D）/ 范围（E）/ 上一个（P）/ 比例（S）/ 窗口（W）/ 对象（O）] < 实时 >：↙

右击，在弹出的快捷菜单中选择"平移"命令，如图 2-35 所示。

图 2-35

平移后的效果如图 2-36 所示。

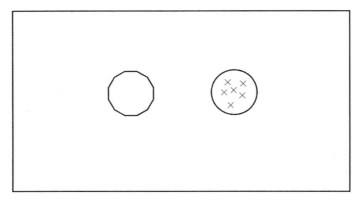

图 2-36

2.19.3　定点平移

选择"视图"→"平移"→"点"命令，可以通过指定基点和位移值来平移视图。

在 AutoCAD 中，"平移"功能又称为"摇镜"，它相当于将一个镜头对准视图。当镜头移动时，视图中的图形也跟随移动。

2.20　实时缩放视图

在 AutoCAD 中，可以通过缩放视图来观察图形对象。缩放视图可以增加或减少图形对象的显示比例，但对象的真实尺寸保持不变。通过改变显示区域和图形对象的大小，可以更准确、更详细地绘图。

1."缩放"菜单和"缩放"工具栏

选择"视图"→"缩放"子菜单（ZOOM）中的命令，如图 2-37 所示，或使用"缩放"工具栏中的工具，如图 2-38 所示，都可以缩放视图。

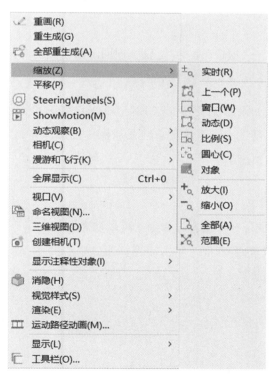

图 2-37

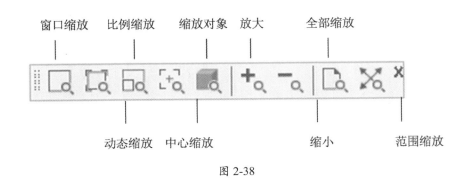

图 2-38

通常在绘制图形的局部细节时，需要使用缩放工具放大该绘图区域。当绘制完成后，再使用缩放工具缩小显示比例来观察图形的整体效果。常用的缩放命令或工具包括"实时""窗口""动态"和"中心点"。

2. 实时缩放视图

选择"视图"→"缩放"→"实时"命令，或在"标准"工具栏中单击"实时缩放"按钮，进入实时缩放模式，此时鼠标指针呈放大镜形状。向上拖动可放大整个视图；向下拖动可缩小整个视图；释放鼠标按键后停止缩放。

3. 窗口缩放视图

选择"视图"→"缩放"→"窗口"命令，可以在视图上拾取两个对角点以确定一个矩形区域，随后系统将矩形范围内的图形放大至整个屏幕。

在使用窗口缩放时，如果系统变量 REGENAUTO 设置为关闭状态，则与当前显示设置的界线相比，拾取区域显得过小。系统提示将重新生成图形，并询问是否继续，此时应回答 No，并重新选择较大的窗口区域。

4. 动态缩放视图

选择"视图"→"缩放"→"动态"命令，可以动态缩放视图。当进入动态缩放模式时，在屏幕中将显示一个带 × 的矩形框。单击后选择窗口中心的 × 消失，显示一个位于右边框的方向箭头，拖动鼠标可改变选择窗口的大小，以确定显示区域的大小，最后按 Enter 键，即可缩放视图。

5. 设置视图中心点

选择"视图"→"缩放"→"中心点"命令，在图形中指定一点，并指定一个缩放比例因子或者指定高度值来显示一个新视图，而选择的点将作为该新视图的中心点。如果输入的数值比默认值小，则会放大视图。反之，则会缩小视图。

要指定相对的显示比例，可输入带 x 比例因子的数值。例如，输入 2x 将显示比当前视图大一倍的视图。如果正在使用浮动视图，则可以输入 xp，相对于图纸空间进行比例缩放。

2.21　综合训练

例 2-37　先创建用户坐标系，并绘制如图 2-39 所示的图形。

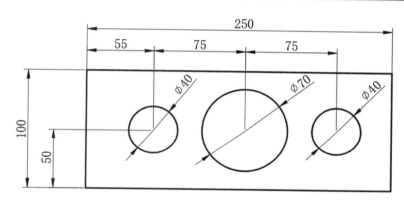

图 2-39

```
命令：UCS ✓
UCS 指定 UCS 的原点或 [面（F）命名（NA）对象（OB）上一个（P）视图（V）世界（W）XYZ Z 轴（ZA）]<
世界 >：100,100 ✓
    指定 X 轴上的点或 < 接受 >：@100,0 ✓              //指定 X 轴
    指定 XY 平面上的点或 < 接受 >：@0,100 ✓           //指定 Y 轴
    命令：L ✓
    指定第一个点：0,0 ✓
    指定下一点或 [放弃（U）]：100,0 ✓
    指定下一点或 [退出（E）/放弃（U）]：U ✓            //取消上一步错误的操作
    指定下一点或 [放弃（U）]：@250,0 ✓                 //重新输入正确的数据
    指定下一点或 [退出（E）/放弃（U）]：@100,0 ✓
    指定下一点或 [关闭（C）/退出（X）/放弃（U）]：U ✓
    指定下一点或 [退出（E）/放弃（U）]：@0,100 ✓
    指定下一点或 [关闭（C）/退出（X）/放弃（U）]：@-250,0 ✓
    指定下一点或 [关闭（C）/退出（X）/放弃（U）]：C ✓
    命令：C ✓
    指定圆的圆心或 [三点（3P）/两点（2P）/切点、切点、半径（T）]：55,50 ✓
    指定圆的半径或 [直径（D）] <0.0000>：20 ✓
```

命令：✓
指定圆的圆心或 ［三点（3P）/两点（2P）/切点、切点、半径（T）］：@75,0✓
指定圆的半径或 ［直径（D）］<20.0000>：35✓
命令：✓
指定圆的圆心或 ［三点（3P）/两点（2P）/切点、切点、半径（T）］：@75,0✓
指定圆的半径或 ［直径（D）］<35.0000>：20✓

例 2-38　用实时缩放视图命令（ZOOM），对如图 2-39 所示的图形进行缩放。

1. 通过输入提示命令 A

命令：Z✓　　　　　　　　　　　　　　　　　　　　　// ZOOM 命令的缩写
指定窗口的角点，输入比例因子 （nX 或 nXP），或者
［全部（A）/中心（C）/动态（D）/范围（E）/上一个（P）/比例（S）/窗口（W）/对象（O）］
<实时>：A✓

所有图素和坐标系都显示在视图中，如图 2-40 所示。

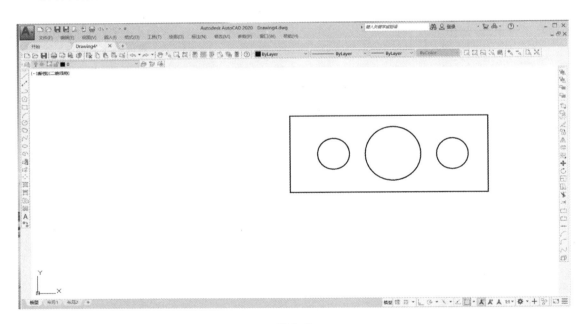

图 2-40

2. 通过输入提示命令 E

命令：Z✓
指定窗口的角点，输入比例因子 （nX 或 nXP），或者
［全部（A）/中心（C）/动态（D）/范围（E）/上一个（P）/比例（S）/窗口（W）/对象（O）］
<实时>：E✓

可自动将图形缩放至可全部观看的状态，如图 2-41 所示。

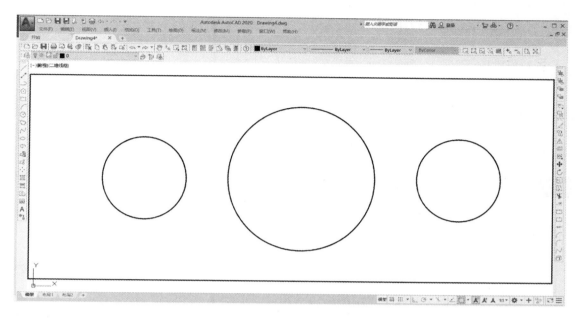

图 2-41

3. 通过输入提示命令 W

命令：Z ✓
指定窗口的角点，输入比例因子 （nX 或 nXP），或者
[全部（A）/ 中心（C）/ 动态（D）/ 范围（E）/ 上一个（P）/ 比例（S）/ 窗口（W）/ 对象（O）]
< 实时 >：W ✓

选择需要放大的区域，如图 2-42 中细线所示，即可对选中的局部区域放大查看。

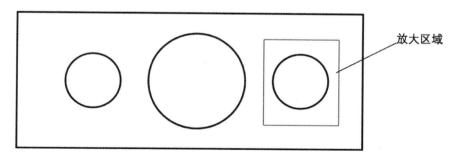

放大区域

图 2-42

4. 进行放大和缩小

命令：Z ✓

指定窗口的角点，输入比例因子 （nX 或 nXP），或者

[全部（A）/中心（C）/动态（D）/范围（E）/上一个（P）/比例（S）/窗口（W）/对象（O）]

<实时>：直接按 Enter 键，再按 Enter 键，按住鼠标左键进行上下拖动来进行放大和缩小

5. 进行平移

命令：Z ✓

指定窗口的角点，输入比例因子 （nX 或 nXP），或者

[全部（A）/中心（C）/动态（D）/范围（E）/上一个（P）/比例（S）/窗口（W）/对象（O）]

<实时>：直接按 Enter 键，再按 Enter 键，再右击，可以平移视图

例 2-39　绘制汽车简易图，如图 2-43 所示。

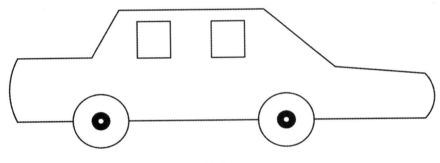

图 2-43

命令：UCS ✓

UCS 指定 UCS 的原点或 [面（F）命名（NA）对象（OB）上一个（P）视图（V）世界（W）XYZ Z 轴（ZA）]<

世界>：选择任意点　　　　　　　　　　　　　//确定坐标系位置

指定 X 轴上的点或 <接受>：@10,0　　　　　//确定用户坐标的 X 轴方向

指定 XY 平面上的点或 <接受>：@0,10　　　 //确定用户坐标的 Y 轴方向

命令：C ✓

指定圆的圆心或 [三点（3P）/两点（2P）/切点、切点、半径（T）]：1500,200 ✓

指定圆的半径或 [直径（D）]：150 ✓

✓　　　　　　　　　　　　　　　　　　　　//重复上一条命令

指定圆的圆心或 [三点（3P）/两点（2P）/切点、切点、半径（T）]：500,200 ✓

指定圆的半径或 [直径（D）] <150.0000>：✓　//半径相同，直接按 Enter 键

命令：DO ✓　　　　　　　　　　　　　　　 // DONUT 命令的缩写

指定圆环的内径 <0.5000>：30 ✓

指定圆环的外径 <1.0000>：100 ✓

指定圆环的中心点或 <退出>：选择第一个圆的圆心

指定圆环的中心点或 <退出>：选择第二个圆的圆心

✓

命令：L ✓　　　　　　　　　　　　　　　　 // LINE 命令的缩写

指定第一个点：50,200 ✓

　指定下一点或 ［放弃（U）］：350,200 ✓

　指定下一点或 ［退出（E）/放弃（U）］：✓

✓

　指定第一个点：　650,200 ✓

　指定下一点或 ［放弃（U）］：　1350,200 ✓

　指定下一点或 ［退出（E）/放弃（U）］：✓

✓

　指定第一个点：　1650,200 ✓

　指定下一点或 ［放弃（U）］：　2250,200 ✓

　指定下一点或 ［退出（E）/放弃（U）］：✓

命令：A ✓ 　　　　　　　　　　　　　　　　　　　　　　　// ARC 命令的缩写

　指定圆弧的起点或 ［圆心（C）］：选择直线的端点✓

　指定圆弧的第二个点或 ［圆心（C）/端点（E）］：E ✓

　指定圆弧的端点：@250<90 ✓

　指定圆弧的中心点（按住 Ctrl 键以切换方向）或 ［角度（A）/方向（D）/半径（R）］：R ✓

　指定圆弧的半径（按住 Ctrl 键以切换方向）：180 ✓

命令：L ✓

　指定第一个点：选择圆弧的端点✓

　指定下一点或 ［放弃（U）］：@485<175 ✓

　指定下一点或 ［退出（E）/放弃（U）］：@500<140 ✓

　指定下一点或 ［关闭（C）/退出（X）/放弃（U）］：@-780,0 ✓

　指定下一点或 ［关闭（C）/退出（X）/放弃（U）］：@300<240 ✓

　指定下一点或 ［关闭（C）/退出（X）/放弃（U）］：@400<180 ✓

　指定下一点或 ［关闭（C）/退出（X）/放弃（U）］：✓

命令：A ✓

　指定圆弧的起点或 ［圆心（C）］：　选择上一条直线的端点

　指定圆弧的第二个点或 ［圆心（C）/端点（E）］：E ✓

　指定圆弧的端点：选择第一条直线的起点

　指定圆弧的中心点（按住 Ctrl 键以切换方向）或 ［角度（A）/方向（D）/半径（R）］：R ✓

　指定圆弧的半径（按住 Ctrl 键以切换方向）：385 ✓

命令：Rec ✓ 　　　　　　　　　　　　　　　　　　　　　// RECTANG 命令的缩写

　指定第一个角点或 ［倒角（C）/标高（E）/圆角（F）/厚度（T）/宽度（W）］：　700,750

　指定另一个角点或 ［面积（A）/尺寸（D）/旋转（R）］：@180,-200

✓　　　　　　　　　　　　　　　　　　　　　　　　　　　　//绘制第二个矩形

　指定第一个角点或 ［倒角（C）/标高（E）/圆角（F）/厚度（T）/宽度（W）］：1100,750

　指定另一个角点或 ［面积（A）/尺寸（D）/旋转（R）］：　@180,-200

命令：　UCS ✓

UCS指定UCS的原点或 [面（F）命名（NA）对象（OB）上一个（P）视图（V）世界（W）XYZ　Z轴（ZA）]<世界 >：W	//恢复世界坐标

2.22　作业

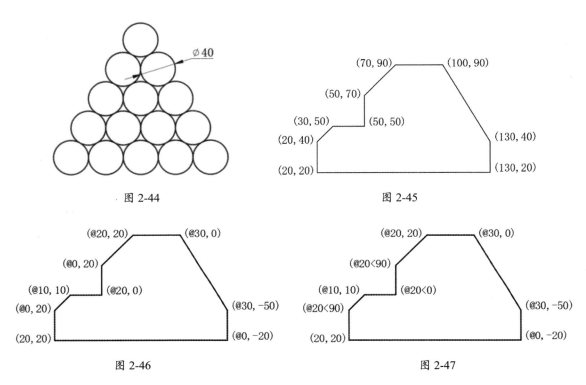

图 2-44

图 2-45

图 2-46

图 2-47

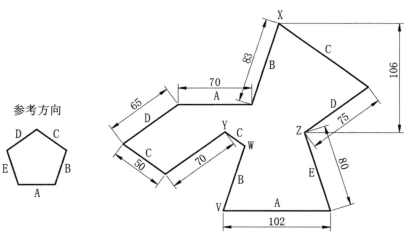

参考方向

图 2-48

第3章 基本编辑指令

本章学习 AutoCAD 2020 的基本编辑指令，包括镜像、偏移、移动、旋转、对齐、复制、倒角、圆角和打断对象等。

3.1 删除

在 AutoCAD 中，使用"删除"命令，可以删除选中的对象。选择"修改（M）"→"删除（E）"命令，或在"修改"工具栏中单击"删除"按钮，都可以删除选中的对象。

3.2 复制

在 AutoCAD 中，使用"复制"命令，可以创建与原对象相同的图形。选择"修改（M）"→"复制（Y）"命令，或单击"修改"工具栏中的"复制"按钮，即可复制已选中的对象，并放置到指定的位置。执行该命令时，首先需要选中对象，然后指定位移的基点。在"指定第二个点或 [退出（E）/ 放弃（U）< 退出 >："提示下，指定第二个点来复制该对象，直到按 Enter 键结束。

例 3-1　先绘制一条直线和一个圆，如图 3-1 所示，然后将圆复制到直线的两个端点处，如图 3-2 所示。

```
命令：CO✓                                              // COPY 命令的缩写
选择对象：选择圆
选择对象：✓
指定基点或 [ 位移（D）/ 模式（O）] < 位移 >：选择圆心
指定第二个点或 [ 阵列（A）] < 使用第一个点作为位移 >：选择端点 A
指定第二个点或 [ 阵列（A）/ 退出（E）/ 放弃（U）] < 退出 >：选择端点 B
指定第二个点或 [ 阵列（A）/ 退出（E）/ 放弃（U）] < 退出 >：✓
```

3.3 移动

选择"修改（M）"→"移动（V）"命令，或在"修改"工具栏中单击"移动"按钮，在新位置生成新的对象，方向和大小不变，同时删除原对象。移动对象时，先选中要移动的对象，再指定移动前的基准点，最后指定移动后的基准点，即可实现移动操作。

例 3-2　在图 3-1 中，以圆心为基准点，将圆移至直线的端点处，如图 3-3 所示。

命令：M↙　　　　　　　　　　　　　　　　　　　　// MOVE 命令的缩写
选择对象：选择圆
选择对象：↙
指定基点或 [位移（D）] <位移>：选择圆心
指定第二个点或 <使用第一个点作为位移>：选择端点 A

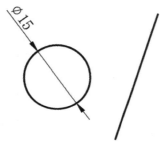　　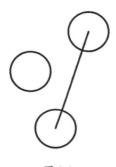　　

图 3-1　　　　　　　　　　　　　图 3-2　　　　　　　图 3-3

3.4 镜像

在 AutoCAD 中，可以使用"镜像"命令，将现有对象沿对称线复制。执行"镜像"命令时，先选中要镜像的对象，然后选择镜像线上的两点，命令行将显示"删除源对象吗？[是（Y）/ 否（N）] <N>："提示信息。如果直接按 Enter 键，则镜像复制对象，并保留原来的对象；如果输入 Y，则在镜像复制对象的同时删除原对象。

例 3-3　在图 3-4 中，沿直线 AB 镜像圆。

命令：MIR↙　　　　　　　　　　　　　　　　　　// MIRROR 命令的缩写
选择对象：选择圆
选择对象：↙
指定镜像线的第一点：选择对称线上的端点 A
指定镜像线的第二点：选择对称线上的端点 B
要删除源对象吗？[是（Y）/ 否（N）] <否>：N

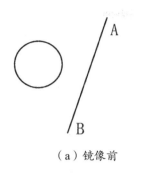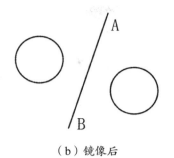

　　（a）镜像前　　　　　　　　　　　（b）镜像后

图 3-4

例 3-4　将"好好学习"文字沿直线镜像，并且改变文字的方向，如图 3-5（a）所示。

```
命令：MIRRTEXT ↙
输入 MIRRTEXT 的新值 <0>： 1↙
命令：MIR ↙                                        // MIRROR 命令的缩写
选择对象： 选择"好好学习"文本
选择对象： ↙
指定镜像线的第一点： 选择对称线上的第一个端点
指定镜像线的第二点： 选择对称线上的第二个端点
要删除源对象吗？ [ 是（Y）/ 否（N）] <否>： N
```

执行效果如图 3-5（a）所示。

如果要求在镜像时，文本方向不变，可以先在命令栏中执行以下操作。

```
命令：MIRRTEXT ↙
输入 MIRRTEXT 的新值 <1>： 0↙
```

再重新镜像文本，则文本的方向不改变，如图 3-5（b）所示。

　　（a）文本方向改变　　　　　　　　　（b）文本方向不变

图 3-5

3.5　偏移

在 AutoCAD 中，可以使用"偏移"命令对指定的直线创建平行线，或者对圆弧、圆或曲线等对象进行同心偏移复制操作。

例 3-5　先绘制一条直线和一个圆，如图 3-6 所示，然后创建一条平行线，要求与直线的距离为 5mm，再创建一个同心圆，向内偏移 3mm。

命令：OFF ✓　　　　　　　　　　　　　　　　　　　// OFFSET 命令的缩写

指定偏移距离或 ［通过（T）/ 删除（E）/ 图层（L）］ < 通过 >：　5 ✓

选择要偏移的对象，或 ［退出（E）/ 放弃（U）］ < 退出 >：选择直线

指定要偏移的那一侧上的点，或 ［退出（E）/ 多个（M）/ 放弃（U）］< 退出 >：单击直线右侧的任意点

选择要偏移的对象，或 ［退出（E）/ 放弃（U）］ < 退出 >：✓

✓

指定偏移距离或 ［通过（T）/ 删除（E）/ 图层（L）］ <5.0000>：3 ✓

选择要偏移的对象，或 ［退出（E）/ 放弃（U）］ < 退出 >：选择圆

指定要偏移的那一侧上的点，或 ［退出（E）/ 多个（M）/ 放弃（U）］ < 退出 >：单击圆内任意点

选择要偏移的对象，或 ［退出（E）/ 放弃（U）］ < 退出 >：✓

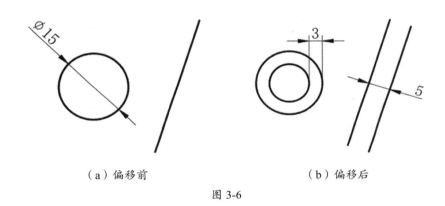

（a）偏移前　　　　　　　　　　　　　　（b）偏移后

图 3-6

3.6　阵列

在 AutoCAD 中，可以通过"阵列"命令多重复制对象。选择"修改（D）"→"阵列"命令，或在"修改"工具栏中单击"阵列"按钮，都可以对图素进行阵列。该操作分为矩形阵列、环形阵列和路径阵列，下面分别举例说明。

3.6.1　矩形阵列

"矩形阵列"即按一定的位移和数量，在横向和纵向进行多次复制所形成的图形。

例 3-6　先绘制一个直径为 10mm 的圆，并对该圆进行矩形阵列，X 方向的数量为 5，间距为 25mm，Y 方向的数量为 3，间距为 20mm，如图 3-7 所示。

命令：ARRAY ✓

选择对象：选择圆

选择对象：✓

输入阵列类型 ［矩形（R）/路径（PA）/极轴（PO）］＜矩形＞：R ✓

选择夹点以编辑阵列或 ［关联（AS）/基点（B）/计数（COU）/间距（S）/列数（COL）/行数（R）/层数（L）/退出（X）］＜退出＞：COL ✓

输入列数数或 ［表达式（E）］＜1＞：5 ✓

指定 列数 之间的距离或 ［总计（T）/表达式（E）］＜22.5＞：25 ✓

选择夹点以编辑阵列或 ［关联（AS）/基点（B）/计数（COU）/间距（S）/列数（COL）/行数（R）/层数（L）/退出（X）］＜退出＞：R ✓

输入行数数或 ［表达式（E）］＜1＞：3 ✓

指定 行数 之间的距离或 ［总计（T）/表达式（E）］＜22.5＞：20 ✓

指定 行数 之间的标高增量或 ［表达式（E）］＜0＞：✓

选择夹点以编辑阵列或 ［关联（AS）/基点（B）/计数（COU）/间距（S）/列数（COL）/行数（R）/层数（L）/退出（X）］＜退出＞：✓

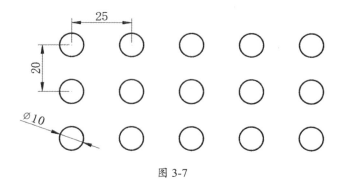

图 3-7

此时，阵列的成员是一个整体，可以用 EXPLODE 命令将其分解成个体。

命令：X ✓　　　　　　　　　　　　　　　　　　　　// EXPLODE 命令的缩写

选择对象：选择阵列

选择对象：✓

3.6.2　环形阵列

"环形阵列"是以一个指定点为圆心，在圆周上均匀地按一定的角度和数量同时进行多次复制所形成的图形。

例3-7 以（20,10）和（25,12）为顶点，绘制一个矩形，再以（40,20）为中心对该矩形进行环形阵列，项目总数为10，填充角度为360°，阵列对象旋转，如图3-8所示。

命令：ARRAY ✓

选择对象：选择矩形

选择对象：✓

输入阵列类型 ［矩形（R）/路径（PA）/极轴（PO）］ <矩形>：PO ✓

指定阵列的中心点或 ［基点（B）/旋转轴（A）］：40,20 ✓

选择夹点以编辑阵列或 ［关联（AS）/基点（B）/项目（I）/项目间角度（A）/填充角度（F）/行（ROW）/层（L）/旋转项目（ROT）/退出（X）］ <退出>：I ✓

输入阵列中的项目数或 ［表达式（E）］ <6>：10 ✓

选择夹点以编辑阵列或 ［关联（AS）/基点（B）/项目（I）/项目间角度（A）/填充角度（F）/行（ROW）/层（L）/旋转项目（ROT）/退出（X）］ <退出>：F ✓

指定填充角度（+=逆时针、-=顺时针）或 ［表达式（EX）］ <360>：360 ✓

选择夹点以编辑阵列或 ［关联（AS）/基点（B）/项目（I）/项目间角度（A）/填充角度（F）/行（ROW）/层（L）/旋转项目（ROT）/退出（X）］ <退出>：✓

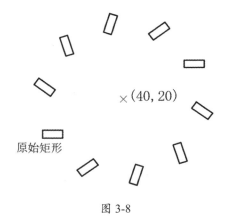

图 3-8

例3-8 如果填充角度为200°，阵列对象平移而不旋转，如图3-9所示，则按下列步骤操作。

命令：ARRAY ✓

选择对象：选择矩形

选择对象：✓

输入阵列类型 ［矩形（R）/路径（PA）/极轴（PO）］ <矩形>：PO ✓

指定阵列的中心点或 ［基点（B）/旋转轴（A）］：40,20 ✓

选择夹点以编辑阵列或 ［关联（AS）/基点（B）/项目（I）/项目间角度（A）/填充角度（F）/行（ROW）/层（L）/旋转项目（ROT）/退出（X）］ <退出>：I ✓

输入阵列中的项目数或 ［表达式（E）］ <6>：10 ✓

选择夹点以编辑阵列或 ［关联（AS）/基点（B）/项目（I）/项目间角度（A）/填充角度（F）/行（ROW）/层（L）/旋转项目（ROT）/退出（X）］ <退出>：F ✓

指定填充角度（+=逆时针、-=顺时针）或 ［表达式（EX）］<360>:200↙

选择夹点以编辑阵列或 ［关联（AS）/基点（B）/项目（I）/项目间角度（A）/填充角度（F）/行（ROW）/层（L）/旋转项目（ROT）/退出（X）] < 退出 >:ROT↙

是否旋转阵列项目？［是（Y）/否（N）] < 是 >: N↙

选择夹点以编辑阵列或 ［关联（AS）/基点（B）/项目（I）/项目间角度（A）/填充角度（F）/行（ROW）/层（L）/旋转项目（ROT）/退出（X）] < 退出 >:↙

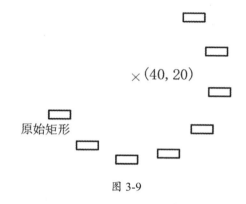

图 3-9

3.6.3　路径阵列

"路径阵列"是沿一条曲线均匀地进行复制所形成的图形。

例 3-9　绘制一个圆及一条圆弧，如图 3-10 所示，并对该圆沿圆弧进行路径阵列，效果如图 3-11 所示。

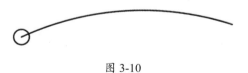

图 3-10

命令：ARRAY↙

选择对象：选择圆形

选择对象：↙

输入阵列类型 ［矩形（R）/路径（PA）/极轴（PO）] < 极轴 >: PA↙

选择路径曲线：选择圆弧

选择夹点以编辑阵列或 ［关联（AS）/方法（M）/基点（B）/切向（T）/项目（I）/行（R）/层（L）/对齐项目（A）/z 方向（Z）/退出（X）] < 退出 >: I↙

指定沿路径的项目之间的距离或 ［表达式（E）] <8.2698>: 10↙

指定项目数或 ［填写完整路径（F）/表达式（E）] <8>:↙

选择夹点以编辑阵列或 ［关联（AS）/方法（M）/基点（B）/切向（T）/项目（I）/行（R）/层（L）

/ 对齐项目（A）/z 方向（Z）/ 退出（X）] ＜退出＞：✓

图 3-11

3.7 旋转

选择"修改（M）"→"旋转（R）"命令，或在"修改"工具栏中单击"旋转"按钮，可以将对象绕基点旋转指定的角度。约定逆时针旋转时角度为正，顺时针旋转时角度为负。如果选择"参照（R）"选项，将以参照方式旋转对象，需要依次指定参照方向的角度值和相对于参照方向的角度值。

例 3-10 在图 3-12（a）中，要求矩形绕 *O* 点旋转 30°，并删除原图像，效果如图 3-12（b）所示。

命令：RO ✓   // ROTATE 命令的缩写
选择对象：选择矩形
选择对象：✓
指定基点：选择 O 点
指定旋转角度，或 [复制（C）/参照（R）] ＜0＞：30 ✓

例 3-11 在图 3-12（a）中，要求矩形绕 *O* 点旋转 30°，并保留原图像，效果如图 3-12（c）所示。

命令：RO ✓
选择对象：选择矩形
选择对象：✓
指定基点：选择 O 点
指定旋转角度，或 [复制（C）/参照（R）] ＜0＞：C ✓
指定旋转角度，或 [复制（C）/参照（R）] ＜0＞：30 ✓

例 3-12 在图 3-12（a）中，要求矩形绕 *O* 点顺时针旋转，旋转的角度等于∠*AOB* 的大小，并删除原图像，效果如图 3-12（d）所示。

命令：RO ✓
选择对象：选择矩形
选择对象：✓

指定基点：选择 O 点

指定旋转角度，或 ［复制（C）/ 参照（R）］ <0>： R↙

指定参照角 <34>： 先选择 O 点，再选择 A 点，然后选择 B 点：

执行效果如图 3-12（d）所示。

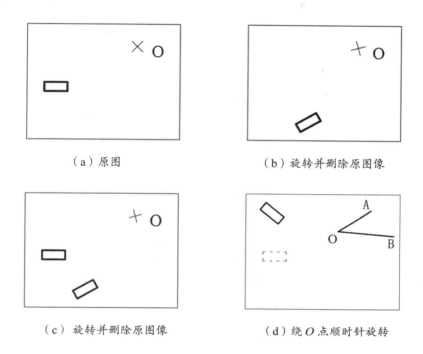

（a）原图　　　　　　　　　　　　（b）旋转并删除原图像

（c）旋转并删除原图像　　　　　　（d）绕 *O* 点顺时针旋转

图 3-12

3.8 对齐

选择"修改（M）"→"三维操作（3）"→"对齐（L）"命令，可以使当前对象与其他对象对齐，它既适用于二维对象，也适用于三维对象。

例 3-13 在图 3-13 中，要求矩形（1）保持不动，移动矩形（2），使矩形（2）的 *B*1、*B*2 与矩形（1）的 *A*1、*A*2 对齐。

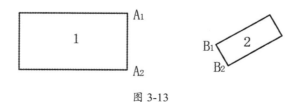

图 3-13

在命令栏中选择"修改（M）"→"三维操作（3）"→"对齐（L）"命令。

选择对象：选择矩形B

选择对象：✓

指定第一个源点：选择矩形B的第一个顶点B1，如图3-14所示

指定第一个目标点：选择矩形A的第一个顶点A1

指定第二个源点：选择矩形B的第二个顶点B2

指定第二个目标点：选择矩形B的第二个顶点A2

指定第三个源点或 <继续>：✓

是否基于对齐点缩放对象？[是（Y）/否（N）] <否>：✓

执行效果如图3-15所示。

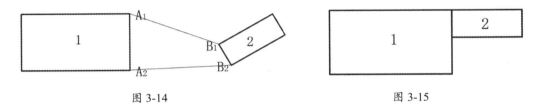

图3-14   图3-15

命令行显示"是否基于对齐点缩放对象？[是（Y）/否（N）] <否>："提示信息时，如
果回答"Y"，即：

是否基于对齐点缩放对象？[是（Y）/否（N）] <否>：Y✓

执行效果如图3-16所示。

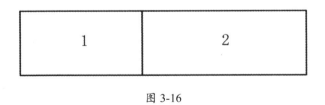

图3-16

3.9 绘制倾斜图形的技巧

对于水平的或垂直的图形，利用正交或极坐标追踪辅助作图会非常方便。但有的图形是
倾斜的，会给设计人员的作图带来不便，此时可先在水平或垂直角度画出这些图形，然后利
用ROTATE或ALIGN命令将图形旋转到倾斜角度。

例 3-14　绘制如图 3-17 所示的倾斜图形。

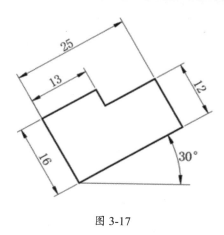

图 3-17

01 先在水平位置绘制图形，如图 3-18（a）所示。

02 利用 ROTATE 命令将图形旋转到倾斜角度，如图 3-18（b）所示。

03 标注尺寸，效果如图 3-17 所示。

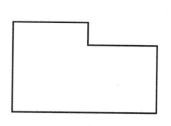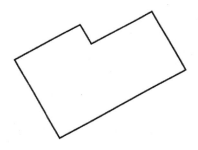

（a）先在水平位置绘制图形　　　　　（b）将图形旋转到倾斜方向

图 3-18

3.10　修剪

在 AutoCAD 中，可以使用"修剪"命令编辑对象。选择"修改（M）"→"修剪（T）"命令，或在"修改"工具栏中单击"修剪"按钮，可以某一对象为剪切边，修剪其他对象。

在 AutoCAD 中，直线、圆弧、圆、椭圆、椭圆弧、多段线、样条曲线、构造线、射线以及文字等都可以作为剪切边的对象。默认情况下，系统将以剪切边为界，将被剪切对象上位于拾取点一侧的部分剪切掉。如果按住 Shift 键，同时选择与修剪边不相交的对象，修剪边将变为延伸边界，将选中的对象延伸至与修剪边界相交。

例 3-15 直线 *AB* 与 *CD* 相交于点 *O*，如图 3-19（a）所示，要求以 *AB* 为修剪边界，剪去 *OD*，保留 *CO*，如图 3-19（b）所示。

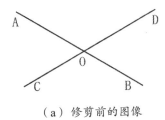（a）修剪前的图像 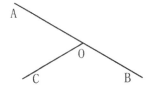（b）修剪后的图像

图 3-19

命令：TR ✓   // TRIM 命令的缩写

选择对象或 < 全部选择 >： 选择 AB

选择对象：✓

选择要修剪的对象或按住 Shift 键选择要延伸的对象，或者 [栏选（F）/ 窗交（C）/ 投影（P）/ 边（E）/ 删除（R）]：选择 OD

选择要修剪的对象，或按住 Shift 键选择要延伸的对象，或 [栏选（F）/ 窗交（C）/ 投影（P）/ 边（E）/ 删除（R）/ 放弃（U）]：✓

例 3-16 直线 *AB* 与 *CD* 不相交且不平行，如图 3-20（a）所示，要求使用 TRIM 命令使 *AB* 与 *CD* 相交，如图 3-20（b）所示。

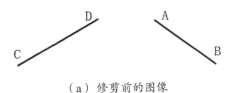（a）修剪前的图像 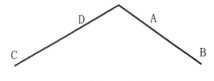（b）修剪后的图像

图 3-20

命令：TR ✓   // TRIM 命令的缩写

选择对象或 < 全部选择 >： 选择 AB

选择对象或 < 全部选择 >： 选择 CD

选择对象：✓

选择要修剪的对象或按住 Shift 键选择要延伸的对象，或者 [栏选（F）/ 窗交（C）/ 投影（P）/ 边（E）/ 删除（R）]：按住 Shift 键选择 AB

选择要修剪的对象或按住 Shift 键选择要延伸的对象，或者 [栏选（F）/ 窗交（C）/ 投影（P）/ 边（E）/ 删除（R）]：按住 Shift 键选择 CD

选择要修剪的对象或按住 Shift 键选择要延伸的对象，或者 [栏选（F）/ 窗交（C）/ 投影（P）/ 边（E）/ 删除（R）/ 放弃（U）]：✓

3.11　延伸

在 AutoCAD 中，可以使用"延伸"命令拉长对象。选择"修改（M）"→"延伸（D）"命令，或在"修改"工具栏中单击"延伸"按钮，可以将指定的对象延长至与另一对象相交或延长线相交。

使用"延伸"命令时，如果在按住 Shift 键的同时选择对象，则执行"修剪"命令；使用"修剪"命令时，如果在按住 Shift 键的同时选择对象，则执行"延伸"命令。

例 3-17　直线 *AB* 与 *CD* 不相交且不平行，如图 3-20（a）所示，要求用 EXTEND 命令，使 *AB* 与 *CD* 相交，如图 3-20（b）所示。

命令：EX ✓　　　　　　　　　　　　　　　　　　　　　　// Extend 的缩写

选择对象或 <全部选择>：　选择 AB

选择对象或 <全部选择>：　选择 CD

选择对象：✓

选择要修剪的对象或按住 Shift 键选择要延伸的对象，或者 [栏选（F）/ 窗交（C）/ 投影（P）/ 边（E）/ 删除（R）]：选择 AB

选择要修剪的对象或按住 Shift 键选择要延伸的对象，或者 [栏选（F）/ 窗交（C）/ 投影（P）/ 边（E）/ 删除（R）]：选择 CD

选择要修剪的对象或按住 Shift 键选择要延伸的对象，或者 [栏选（F）/ 窗交（C）/ 投影（P）/ 边（E）/ 删除（R）/ 放弃（U）]：　✓

3.12　缩放

在 AutoCAD 中，可以使用"缩放"命令按比例增大或缩小对象。选择"修改（M）"→"缩放（L）"命令（SCALE），或在"修改"工具栏中单击"缩放"按钮，都可以将对象按指定的比例因子相对于基点进行尺寸缩放。先选中对象，再指定基点，命令行将显示"指定比例因子或 [复制（C）/ 参照（R）]<1.0000>："提示信息。如果直接指定缩放的比例因子，则对象将根据该比例因子相对于基点缩放。如果选择"参照（R）"选项，则对象将按参照的方式缩放。

例 3-18　在图 3-21 中，以点 *A* 为基准点，将矩形放大 2 倍。

命令：SC ✓　　　　　　　　　　　　　　　　　　　　　　// SCALE 命令的缩写

选择对象：选择矩形

选择对象：✓

指定基点：选择 A 点

指定比例因子或 ［复制（C）/参照（R）］: 2 ✓

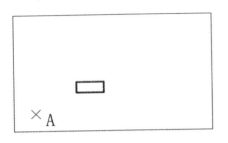
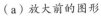
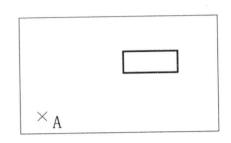

（a）放大前的图形　　　　　　　　　（b）放大后的图形

图 3-21

例 3-19　绘制任意矩形 *ABCD*，如图 3-22（a）所示，以 *A* 点为基准，用 SCALE 命令将矩形 *ABCD* 中 *AB* 边长调整为 10mm，矩形的宽同比例缩放，如图 3-22（b）所示。

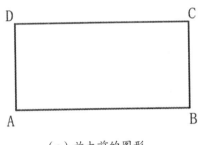
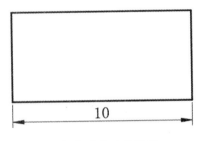

（a）放大前的图形　　　　　　　　　（b）放大后的图形

图 3-22

命令：SC ✓　　　　　　　　　　　　　　　　　　　　　　// SCALE 命令的缩写

选择对象：选择矩形

选择对象：✓

指定基点：选择 A 点

指定比例因子或 ［复制（C）/参照（R）］: R ✓

指定参照长度 <1.0000>:　先选择 A 点、再选择 B 点

指定新的长度或 ［点（P）］ <1.0000>:　10 ✓

例 3-20　任意绘制一个矩形 *ABCD* 和直线 *EF*，如图 3-23（a）所示，以 *A* 点为基准，用 SCALE 命令将矩形 *ABCD* 中的顶点 *B* 调整到直线 *EF* 上，矩形的宽同比例缩放，并保留原来的矩形，如图 3-23（b）所示。

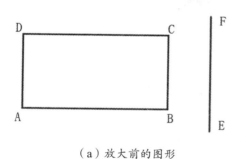 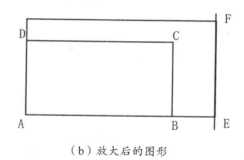

（a）放大前的图形　　　　　　　　　　　　　（b）放大后的图形

图 3-23

```
命令：SC ✓                                    // SCALE 命令的缩写
选择对象：选择矩形
选择对象：✓
指定基点：选择 A 点
指定比例因子或 ［复制（C）/ 参照（R）］：C ✓
指定比例因子或 ［复制（C）/ 参照（R）］：R ✓
指定参照长度 <1.0000>：先选择 A 点、再选择 B 点
指定新的长度或 ［点（P）］<1.0000>：打开正交模式后，选择 EF 上的任意点
```

温馨提示：

在 AutoCAD 中，Scale 命令只能等比例缩放，如果需要不等比缩放，可以参考本书第 11 章中的"插入块"命令。

3.13 拉伸

选择"修改（M）"→"拉伸（H）"命令，或在"修改"工具栏中单击"拉伸"按钮，都可以移动或拉伸对象。执行该命令时，可以使用"交叉窗口"方式或者"交叉多边形"方式选择对象，然后依次指定位移基点和位移矢量，将会移动全部位于选择窗口之内的对象，而拉伸（或压缩）与选择窗口边界相交的对象。

例 3-21 在图 3-24 中，将直线 C_1D_1 和圆拉伸到 C_2D_2 处。

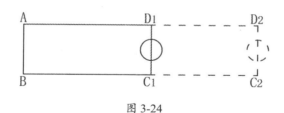

图 3-24

命令：Str ✓   // STRETCH 命令的缩写

选择对象：先在右上角单击 P 点，再在左下角单击 Q 点，如图 3-25 所示。

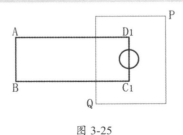

图 3-25

选择对象：✓

指定基点：选择 C1 点，再选择 C2 点

执行效果如图 3-24 中虚线所示。

提示

先在右上角单击 P 点，再在左下角单击 Q 点，则直线 C1D1 和圆属于在选择窗口之内的对象，而直线 AD1 和 BC1 则属于与选择窗口边界相交的对象。如果先单击 Q 点，再单击 P 点，则只能选择直线 C1D1 和圆，而不能选择直线 AD1 和 BC1。

3.14 拉长

选择"修改（M）"→"拉长（G）"命令，或在"修改"工具栏中单击"拉长"按钮，都可以修改线段或者圆弧的长度。

例 3-22 已知圆弧的弧长为 47.02mm，将圆弧的弧长拉长为 50mm，如图 3-26（a）所示。

命令：LEN ✓   // LENGTHEN 命令的缩写

选择要测量的对象或 [增量（DE）/百分比（P）/总计（T）/动态（DY）] <总计（T）>：选择圆弧。

选择要测量的对象或 [增量（DE）/百分比（P）/总计（T）/动态（DY）] <总计（T）>：✓

指定总长度或 [角度（A）] <25.0000>：50 ✓

选择要修改的对象或 [放弃（U）]：选择圆弧

选择要修改的对象或 [放弃（U）]：✓

执行效果如图 3-26（b）所示。

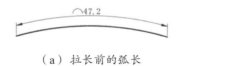

（a）拉长前的弧长 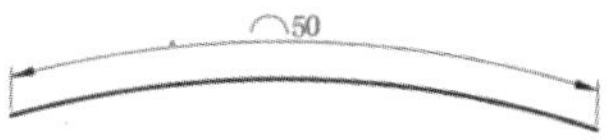   （b）拉长后的弧长

图 3-26

3.15 倒角

在 AutoCAD 中，可以使用"倒角"命令，使修改对象的角以平角相接。选择"修改（M）"→"倒角（C）"命令，或在"修改"工具栏中单击"倒角"按钮，均可为对象的角绘制倒角。

例 3-23 以（10,10）和（30,30）为顶点，绘制一个矩形，如图 3-27（a）所示，再创建倒角（3mm×2mm），并进行修剪，如图 3-27（b）所示。

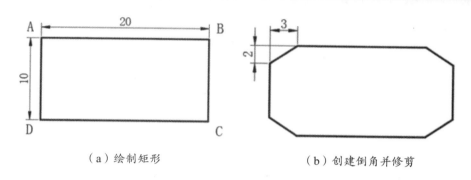

（a）绘制矩形　　　　　　　　　　（b）创建倒角并修剪

图 3-27

```
命令：Cha↙                                              // CHAMFER 命令的缩写
（"修剪"模式）当前倒角距离 1 = 0.0000，距离 2 = 0.0000
选择第一条直线或 [ 放弃（U）/ 多段线（P）/ 距离（D）/ 角度（A）/ 修剪（T）/ 方式（E）/ 多个（M）]：
T↙
输入修剪模式选项 [ 修剪（T）/ 不修剪（N）] ＜不修剪＞：T↙        // 修剪
选择第一条直线或 [ 放弃（U）/ 多段线（P）/ 距离（D）/ 角度（A）/ 修剪（T）/ 方式（E）/ 多个（M）]：
D
指定 第一个 倒角距离 ＜0.0000＞：3 ↙
指定 第二个 倒角距离 ＜3.0000＞：2 ↙
选择第一条直线或 [ 放弃（U）/ 多段线（P）/ 距离（D）/ 角度（A）/ 修剪（T）/ 方式（E）/ 多个（M）]：
选择 AB
选择第二条直线，或按住 Shift 键选择直线以应用角点或 [ 距离（D）/ 角度（A）/ 方法（M）]：选
择 BC
    ↙
    ……
```

例 3-24 如果对图 3-7（a）的图形不修剪倒角，命令如下。

```
命令：Cha ↙                                              // CHAMFER 命令的缩写
（"修剪"模式）当前倒角距离 1 = 0.0000，距离 2 = 0.0000
选择第一条直线或 [ 放弃（U）/ 多段线（P）/ 距离（D）/ 角度（A）/ 修剪（T）/ 方式（E）/ 多个（M）]：
T ↙
```

```
    输入修剪模式选项 [修剪（T）/不修剪（N）] <不修剪>: N↙          // 不修剪
    选择第一条直线或 [放弃（U）/多段线（P）/距离（D）/角度（A）/修剪（T）/方式（E）/多个（M）]:
D
    指定 第一个 倒角距离 <0.0000>: 3 ↙
    指定 第二个 倒角距离 <3.0000>: 2 ↙
    选择第一条直线或 [放弃（U）/多段线（P）/距离（D）/角度（A）/修剪（T）/方式（E）/多个（M）]:
选择 AB
    选择第二条直线，或按住 Shift 键选择直线以应用角点或 [距离（D）/角度（A）/方法（M）]: 选
择 BC
    ↙
    ……
```

执行效果如图 3-27（c）所示。

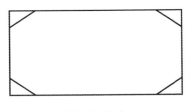

图 3-27（c）

3.16　倒圆角

在 AutoCAD 中，可以使用"圆角"命令修改对象，使其以圆角相接。选择"修改（M）"→"圆角（F）"命令，或在"修改"工具栏中单击"圆角"按钮，即可对对象修圆角。修圆角的方法与修倒角的方法相似，在命令行提示中，选择"半径（R）"选项，即可设置圆角的半径。

例 3-25　以（10,10）和（30,30）为顶点，绘制一个矩形，如图 3-28（a）所示，再创建圆角（R3mm）并修剪，如图 3-28（b）所示。

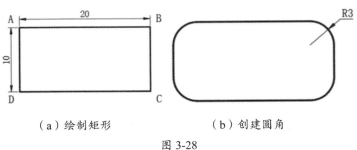

（a）绘制矩形　　　　　　　（b）创建圆角

图 3-28

```
    命令：Fil↙                                          // FILLET 命令的缩写
```

当前设置：模式 = 修剪，半径 = 0.0000

选择第一个对象或 ［放弃（U）/ 多段线（P）/ 半径（R）/ 修剪（T）/ 多个（M）］：T ✓

输入修剪模式选项 ［修剪（T）/ 不修剪（N）］＜不修剪＞：T ✓　　　// 修剪

选择第一个对象或 ［放弃（U）/ 多段线（P）/ 半径（R）/ 修剪（T）/ 多个（M）］：R ✓

指定圆角半径 ＜0.0000＞：3 ✓

选择第一个对象或 ［放弃（U）/ 多段线（P）/ 半径（R）/ 修剪（T）/ 多个（M）］：选择 AB

选择第二个对象，或按住 Shift 键选择对象以应用角点或 ［半径（R）］：选择 BC

✓

……

例 3-26　如果对图 3-28（a）不修剪倒圆角，命令如下。

命令：Fil ✓　　　　　　　　　　　　　　　　　　　　　// FILLET 命令的缩写

当前设置：模式 = 修剪，半径 = 0.0000

选择第一个对象或 ［放弃（U）/ 多段线（P）/ 半径（R）/ 修剪（T）/ 多个（M）］：T ✓

输入修剪模式选项 ［修剪（T）/ 不修剪（N）］＜不修剪＞：N ✓　　　//不修剪

选择第一个对象或 ［放弃（U）/ 多段线（P）/ 半径（R）/ 修剪（T）/ 多个（M）］：R ✓

指定圆角半径 ＜0.0000＞：3 ✓

选择第一个对象或 ［放弃（U）/ 多段线（P）/ 半径（R）/ 修剪（T）/ 多个（M）］：选择 AB

选择第二个对象，或按住 Shift 键选择对象以应用角点或 ［半径（R）］：选择 BC

✓

……

执行效果如图 3-28（c）所示。

图 3-28（c）

3.17　打断

在 AutoCAD 中，使用"打断"命令可以将对象分解成两部分或删除对象的一部分，也可以使用"打断于点"命令在某一点处将一个对象分解成两个对象。

3.17.1　打断对象

选择"修改（M）"→"打断（K）"命令，或在"修改"工具栏中单击"打断"按钮，均可删除对象的一部分或将对象分解成两部分。

例 3-27　在图 3-29 中，删除 *AB* 之间的圆弧。

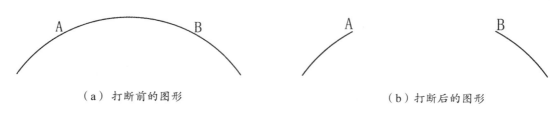

（a）打断前的图形　　　　　　　　　　　　　（b）打断后的图形

图 3-29

命令：BR ↙　　　　　　　　　　　　　　　　　　// BREAK 命令的缩写
选择对象：选择 A 点
指定第二个打断点 或 [第一点（F）]：选择 B 点

执行效果如图 3-29（b）所示。

3.17.2　打断于点

在"修改"工具栏中单击"打断于点"按钮，可以将对象在一点处断开成两个对象，也可以在打断的第一点和第二点中选择同一个点。

例 3-28　在图 3-29 中，在 *A* 点处将 *AB* 弧打断。

命令：BR ↙　　　　　　　　　　　　　　　　　　// BREAK 命令的缩写
选择对象：选择 A 点
指定第二个打断点 或 [第一点（F）]：选择 A 点

执行效果是在 *A* 点处打断。

3.18　合并

如果需要连接某一连续图形上的两部分，或者将某段圆弧闭合为整圆，可以选择"修改"→"合并"命令，或者在命令行输入 JOIN 命令，也可以单击"修改"工具栏中的"合并"按钮。

例 3-29　将上一个实例中打断的圆弧合并。

命令：JO ✓　　　　　　　　　　　　　　　　　　　// JOIN 命令的缩写
选择源对象或要一次合并的多个对象：选择第一段圆弧
选择要合并的对象：选择第二段圆弧
选择圆弧，以合并到源或进行 [闭合（L）]：✓

执行效果是两段圆弧合并成一条圆弧。

例 3-30　将圆弧 *AB* 恢复成一个整圆，如图 3-30 所示。

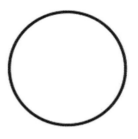

（a）合并前的圆弧　　　　　　　　（b）合并后的圆弧

图 3-30

命令：JO ✓　　　　　　　　　　　　　　　　　　　// JOIN 命令的缩写
选择源对象或要一次合并的多个对象：选择圆弧 AB
选择要合并的对象：✓
选择圆弧，以合并到源或进行 [闭合（L）]：L ✓

执行效果是将圆弧转换为圆。

3.19　分解

对于矩形、块等由多个对象组成的组合对象，如果需要对单个成员进行编辑，就需要先将其分解。选择"修改（M）"→"分解（X）"命令，或在"修改"工具栏中单击"分解"按钮，选择需要分解的对象后按 Enter 键，即可分解图形并结束该命令。

例 3-31　用"矩形"命令绘制任意一个矩形，并用 EXPLODE 命令分解成 4 条线段。

命令：X ✓　　　　　　　　　　　　　　　　　　　// EXPLODE 命令的缩写
选择对象：选择矩形
选择对象：✓

执行效果是将矩形分解成 4 条线段。

3.20 对象选择

在使用 AutoCAD 的过程中，经常需要选择对象，该软件提供了非常方便的选择对象的 10 种方法，熟练掌握这些方法可以大幅提升工作效率。

3.20.1 单选择

当 AutoCAD 提示"选择对象："时，鼠标指针变为一个小正方形，这个小正方形称为"拾取框"。直接单击对象，选中的对象将高亮显示，每单击一次选中一个对象。

例 3-32　用单选方式选择圆，然后删除，如图 3-31 所示。

直接用拾取框选择圆，当圆高亮显示时，表示该对象已被选中。

命令：E↙　　　　　　　　　　　　　　　　　　　　　　　　　　　// ERASE 命令的缩写

按 Enter 键，即可删除选中的圆。

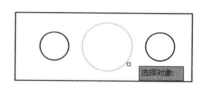

图 3-31

3.20.2 窗口选择

在左上角或左下角按住鼠标左键，向右下角或右上角拖动鼠标，拖出一个不规则形状的区域，如图 3-32（a）所示；或者在左上角或左下角单击，再在右下角或右上角单击，形成一个矩形区域，如图 3-32（b）所示。用窗口选择方式可以选中完全在区域内的对象，与区域相交的对象或者区域外的对象都不会被选中。

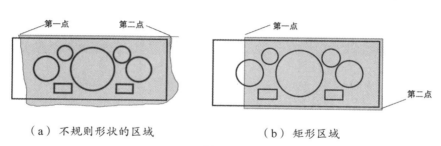

（a）不规则形状的区域　　　　　　　　　（b）矩形区域

图 3-32

3.20.3　交叉窗口选择

在右上角或右下角按住鼠标左键，向左下角或左上角拖动鼠标，拖出一个不规则形状的区域，如图 3-33（a）所示；或者在右上角或右下角单击，再在左下角或左上角单击，形成一个矩形区域，如图 3-33（b）所示。用交叉窗口选择方式可以选中完全在区域内的对象或者与区域相交的对象，但不会选中区域外的对象。

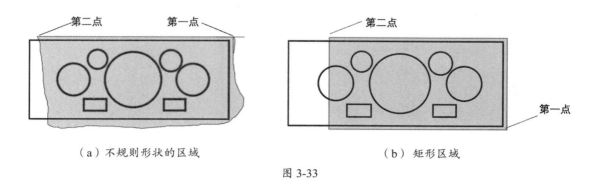

（a）不规则形状的区域　　　　　　　　　　（b）矩形区域

图 3-33

3.20.4　栏选择

在 AutoCAD 命令行提示"选择对象"时，输入 F，然后按 Enter 键。接着定义一条或多条栏选择线，与栏选择线相交的对象将会被选中，否则不会被选中。

例 3-33　用栏选择方式选择对象，然后复制，如图 3-34 所示。

命令：CO ✓	// COPY 命令的缩写
选择对象：F ✓	// 以栏选择方式选择
指定第一个栏选点或拾取 / 拖动光标：选第一点	
指定下一个栏选点或 [放弃（U）]：选第二点	
指定下一个栏选点或 [放弃（U）]：选第三点	
指定下一个栏选点或 [放弃（U）]：选第四点	
指定下一个栏选点或 [放弃（U）]：✓	

执行结果如图 3-34 所示。

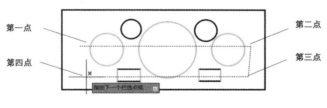

图 3-34

3.20.5 多边形窗口选择

多边形窗口选择模式与窗口模式类似，可以定义多边形窗口，且功能更强大。

在 AutoCAD 命令行提示"选择对象"时，输入 WP，然后按 Enter 键。接着定义多边形窗口，完全在多边形窗口内的对象将会被选中，如图 3-35 所示。

| 例 3-34 | 用多边形窗口选择方式选择对象，然后复制，如图 3-35 所示。 |

```
命令：CO ↙                                    // COPY 命令的缩写
选择对象：WP ↙                                 // 以多边形窗口方式选择
指定第一个栏选点或拾取 / 拖动光标：选第一点
指定下一个栏选点或 [ 放弃（U）]：选第二点
指定下一个栏选点或 [ 放弃（U）]：选第三点
指定下一个栏选点或 [ 放弃（U）]：选第四点
指定下一个栏选点或 [ 放弃（U）]：↙
```

此时只选中 3 个圆。

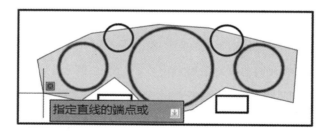

图 3-35

3.20.6 多边形交叉窗选择

多边形交叉窗选择模式与交叉窗口模式类似，可以定义任意多边形窗口，且功能更强大。

在 AutoCAD 命令行提示"选择对象"时，输入 CP，然后按 Enter 键。接着定义任意多边形窗口，完全在多边形窗口内及与窗口相交的对象将会被选中。

| 例 3-35 | 用多边形交叉窗口选择方式选择对象，然后复制，如图 3-36 所示。 |

```
命令：CO ↙                                    // COPY 命令的缩写
选择对象：CP ↙                                 // 多边形交叉窗选择
指定第一个栏选点或拾取 / 拖动光标：选第一点
指定下一个栏选点或 [ 放弃（U）]：选第二点
指定下一个栏选点或 [ 放弃（U）]：选第三点
```

指定下一个栏选点或 ［放弃（U）］：选第四点
指定下一个栏选点或 ［放弃（U）］：↙

此时选中 5 个圆。

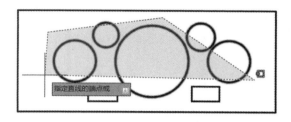

图 3-36

3.20.7　循环选择

当多个对象重叠在一起或距离特别近时，往往难以选中想要的对象，此时可使用循环选择法。具体方法是：按组合键 Ctrl+W 启用或关闭选择循环功能，然后将拾取框放在要选择的对象上并单击，在弹出"选择集"窗口中选择要选择的对象。

例 3-36　在图 3-37 中有 4 个圆，它们彼此距离很近，用循环选择的方式选择其中一个圆并复制。

用拾取框选择其中一个圆，在弹出的"选择集"窗口中选择要选中的对象，如图 3-37 所示。

命令：CO↙　　　　　　　　　　　　　　　　　　　　　　　　　　// COPY 命令的缩写

图 3-37

3.20.8　重复上一次选择

在 AutoCAD 命令行提示"选择对象"时，输入 P，然后按 Enter 键，选中上一次选中的对象。

例 3-37　在图 3-36 中，使用重复上一次选择的方法选中对象，并进行复制。

命令：CO↙
选择对象：选择大圆
将其复制到其他位置
命令：CO↙
选择对象：P↙　　　　　　　　　　　　　　　　　　　　//重新选择大圆

3.20.9　选择最后的对象

在 AutoCAD 命令行提示"选择对象"时，输入 L，然后按 Enter 键，选中最后的对象。最后的对象指最近一次绘制或通过编辑操作（复制、阵列、镜像等）产生的对象。

例 3-38　先绘制一个大圆，再绘制一个小圆，选中小圆并复制，如图 3-38 所示。

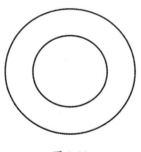

图 3-38

命令：CO↙
选择对象：L↙　　　　　　　　　　　　　　　　　　　　//选择最后创建的对象

3.20.10　添加 / 删除

在选择对象的过程中，默认是添加模式。但有时错误地选择了不该选中的对象，此时可以输入 R，然后按 Enter 键，选择模式将切换到删除模式，接着单击错选的对象，该对象将被移出选择集（不选中）。输入 A，然后按 Enter 键，可以切换回添加模式。

还有更简单的方法：在选择的过程中，按住 Shift 键，然后单击要从选择集中移除的对象（不选中）。当需要切换回添加模式时，释放 Shift 键即可。

3.21　作业

绘制如图 3-39~ 图 3-44 所示的图形。

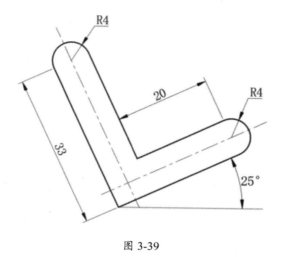

图 3-39

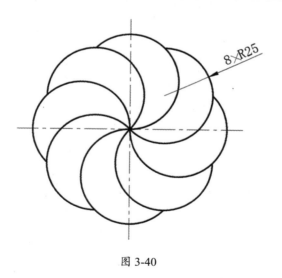

图 3-40

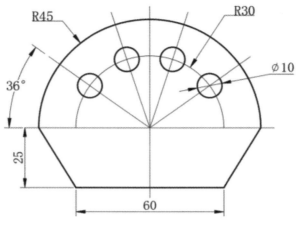

图 3-41

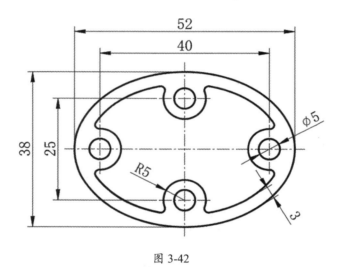

图 3-42

图 3-43

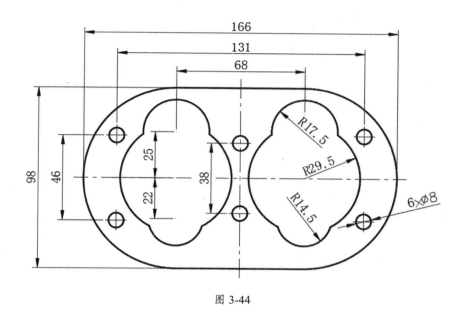

图 3-44

第 *4* 章　精确绘制图形指令

本章学习在正交模式下绘图的方法、对象捕捉和自动追踪的设置方法，以及使用对象捕捉和自动追踪功能绘制综合图形的方法。

4.1　设置正交模式

AutoCAD 的正交模式将输入的内容（绘制的图形）限制为水平或垂直。在正交模式下，可以方便地绘制出与当前 X 轴或 Y 轴平行的线段。使用 ORTHO 命令，或在程序窗口的状态栏中单击"正交"按钮，也可以按 F8 键，可以打开或关闭正交模式。

打开正交模式后，输入（确定）的第 1 点是任意的，但当移动鼠标指针准备指定第 2 点时，引出的临时线段已不再是这两点之间的连线，而是起点到鼠标指针十字线的垂直线中较长的线段。此时单击，临时线段就变成所绘直线。

> 例 4-1　运用正交方式绘制一个矩形（35mm × 25mm），步骤如下。

```
命令：ORTHO ↙
输入模式 [开（ON）/ 关（OFF）] <开>：ON ↙          // 设定正交模式
命令：L ↙                                          // 直线命令
```

01 单击任意点 *A*，再向右拖曳，输入 35mm，按 Enter 键，如图 4-1 所示。

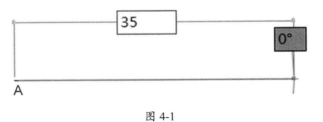

图 4-1

02 将鼠标指针往上拖曳，并输入 25mm，按 Enter 键，如图 4-2 所示。

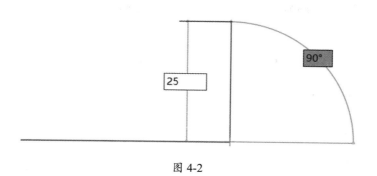

图 4-2

03 将鼠标指针向左拖曳，输入 35mm，按 Enter 键。

04 将鼠标指针向下拖曳，输入 25mm，按 Enter 键，绘制一个矩形，如图 4-3 所示。

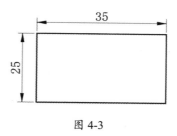

图 4-3

4.2　设置栅格捕捉

在 AutoCAD 的默认界面中有若干方格，称之为"栅格"，如图 4-4 所示。

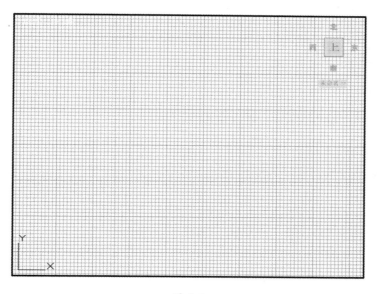

图 4-4

　　向上滚动鼠标的滚轮，可以放大栅格，在放大的过程中，可以看到放大到一定程度后，原来最小的方格会变成粗线，方格中又多出一些细线，原来的一个方格又被细分成10×10的方格。继续向上滚动滚轮，直到方格不再细分为止，此时每个方格的长宽就是栅格的基础尺寸。

　　在绘制图形时，尽管可以通过移动鼠标指针来指定点的位置，但很难精确指定某一个点的位置。"栅格"功能就是一些标定位置的小点，可以提供直观的距离和位置参照。使用"捕捉"功能可以用来确定鼠标指针移动的间距、精确定位点，从而提高绘图效率。

　　要打开或关闭"捕捉和栅格"功能，可以采用以下几种方法。

　　（1）如果是台式计算机，按F7键打开或关闭栅格，如果是笔记本电脑，按Fn+F7组合键，可以打开或关闭栅格。

　　（2）在AutoCAD界面右下角的程序窗口状态栏中，单击相应的栅格按钮，如图4-5所示。

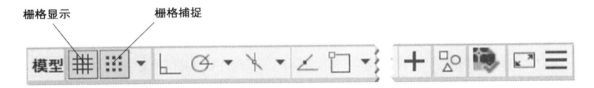

图 4-5

　　（3）在命令栏中输入GRID，可以设置栅格间距。

```
命令:GRID✓
指定栅格间距（X）或 [开（ON）/关（OFF）/捕捉（S）/主（M）/自适应（D）/界限（L）/跟随（F）
/纵横向间距（A）] <0.0000>: 10✓                    //设定栅格间距为10mm
命令:GRID✓
指定栅格间距（X）或 [开（ON）/关（OFF）/捕捉（S）/主（M）/自适应（D）/界限（L）/跟随（F）
/纵横向间距（A）] <10.0000>: ON✓                   //打开栅格功能
```

　　（4）在命令栏中输入SNAP，可以设置捕捉间距。

```
命令:SN✓                                          // SNAP命令的缩写
指定捕捉间距或 [打开（ON）/关闭（OFF）/纵横向间距（A）/传统（L）/样式（S）/类型（T）]
<0.0000>: 5✓                                      //设定捕捉间距为5mm
命令:SN✓
指定捕捉间距或 [打开（ON）/关闭（OFF）/纵横向间距（A）/传统（L）/样式（S）/类型（T）]
<0.0000>: ON✓                                     //打开捕捉间距功能
```

　　（5）选择"工具"→"绘图图设置"命令，打开"草图设置"对话框，在"捕捉和栅格"选项卡中选中或取消选中"启用捕捉"和"启用栅格"复选框，也可以设置栅格X轴和Y轴间距，如图 4-6 所示。

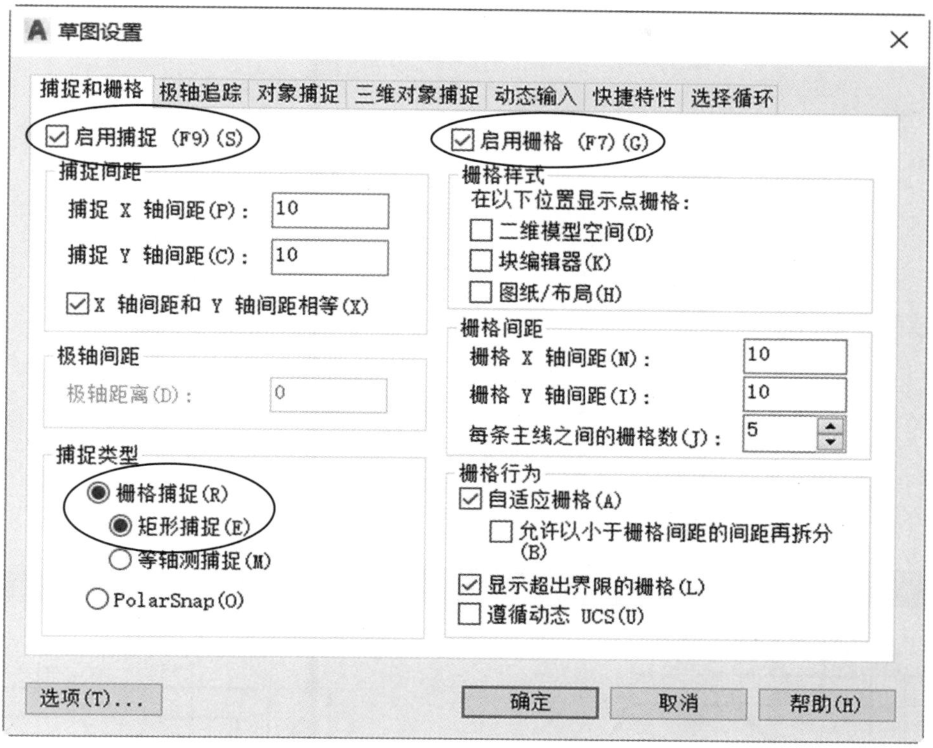

图 4-6

在图形窗口中移动鼠标指针，可以看到其不再连续运动，而是在这些线的交点之间跳动（如果是连续移动，则向上滚动鼠标的滚轮，放大栅格，直到不能放大为止）。如果在绘图时，图形被准确定位到栅格的交点处，这种自动将鼠标指针定位到图中已有栅格、图形的特征点的操作方式就被称为"捕捉"（SNAP），这里用到的是栅格捕捉，更常用的是对象捕捉，后面会单独讲解。

例 4-2　运用栅格捕捉功能绘制一个直角三角形，两直角边的长度分别为 35mm 和 25mm，步骤如下。

命令：SNAP ✓
指定捕捉间距或 ［打开（ON）/ 关闭（OFF）/ 纵横向间距（A）/ 传统（L）/ 样式（S）/ 类型（T）］
<10.0000>:5 ✓
命令：SNAP ✓
指定捕捉间距或 ［打开（ON）/ 关闭（OFF）/ 纵横向间距（A）/ 传统（L）/ 样式（S）/ 类型（T）］
<5.0000>: A ✓
指定水平间距 <5.0000>: 10 ✓
指定垂直间距 <5.0000>: 10 ✓

命令：L↙	//直线命令

先单击 *A* 点，再单击 *B* 点，然后单击 *C* 点，最后单击 *A* 点，完成直角三角形的绘制，如图 4-7 所示。

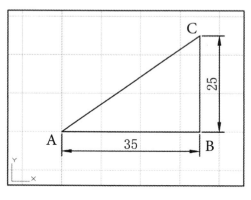

图 4-7

例 4-3　运用栅格捕捉方式绘制如图 4-8 所示的两个图形。

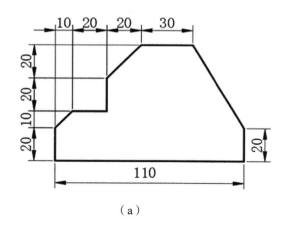

（a）

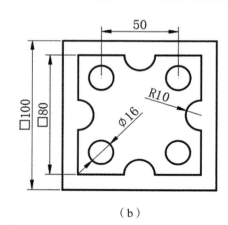

（b）

图 4-8

4.3　对象捕捉功能

在绘图的过程中，经常要指定一些对象上已有的点，例如端点、圆心和两个对象的交点等。在 AutoCAD 中，可以通过"对象捕捉"工具栏和"草图设置"对话框等方式调用对象捕捉功能，迅速、准确地捕捉到某些特殊点，从而精确地绘制图形。

4.3.1 "对象捕捉"工具栏

在"工具（T）"→"工具栏"→ AutoCAD 子菜单中选择"对象捕捉"命令，调出"对象捕捉"工具栏，如图 4-9 所示。

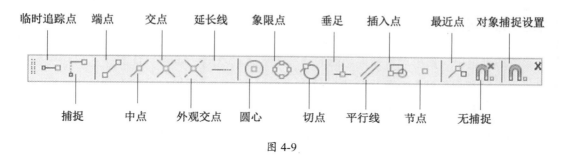

图 4-9

在绘图过程中，当要求指定点时，单击"对象捕捉"工具栏中相应的特征点按钮，再将鼠标指针移至要捕捉对象上的特征点附近，即可捕捉到相应的对象特征点。

例 4-4 通过圆的象限点 A 画一条水平线，如图 4-10 所示。

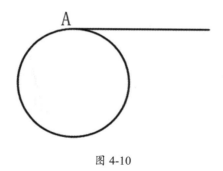

图 4-10

命令：L✓	//直线命令

在如图 4-9 所示的"对象捕捉"工具栏中单击"象限点"按钮⊙。将鼠标指针放在 A 点处，自动捕捉到象限点。再将鼠标指针向右拖曳，即可绘制一条水平线。

例 4-5 绘制圆 A 与圆 B 的公共切线，如图 4-11 所示。

图 4-11

命令：Line ✓	//直线命令

在图 4-9 所示的"对象捕捉"工具栏中单击"切点"按钮🜨，选择圆 *A* 的切点处，在"对象捕捉"工具栏中单击"切点"按钮🜨，选择圆 *B* 的切点处，即可绘制圆 *A* 与圆 *B* 的公共切线。

4.3.2 设置自动捕捉功能

绘图的过程中，使用对象捕捉功能的频率非常高。为此，AutoCAD 提供了自动对象捕捉模式。"自动捕捉"就是当将鼠标指针放在一个对象上时，系统自动捕捉到对象上所有符合条件的几何特征点，并显示相应的标记。如果将鼠标指针放在捕捉点上多停留片刻，系统还会显示捕捉的提示。这样，在选点之前，即可预览和确认捕捉点。按以下步骤设置自动捕捉功能。

01 选择"工具"→"绘图设置（F）"命令，在弹出的"草图设置"对话框中选择"对象捕捉"选项卡。

02 选中"启用对象捕捉"复选框，并选中要使用的对象捕捉模式复选框，如图 4-12 所示。

03 选择完毕后单击"确定"按钮，完成自动捕捉功能设置。

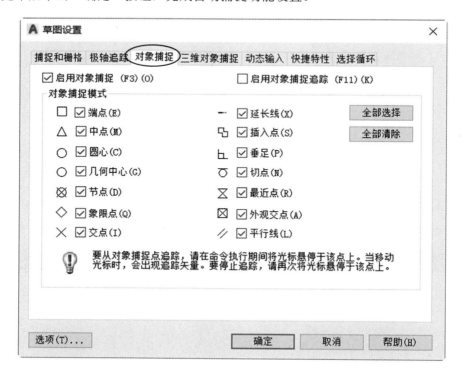

图 4-12

4.3.3　对象捕捉快捷菜单

按住 Shift 键或 Ctrl 键，在工作区右击，即可打开对象捕捉快捷菜单，在该菜单中选择不同的捕捉模式，如图 4-13 所示。

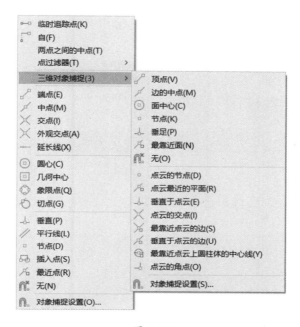

图 4-13

4.4　使用自动追踪

在 AutoCAD 中，自动追踪可按指定角度绘制对象，或者绘制与其他对象有特定关系的对象。这是非常有用的辅助绘图工具，自动追踪功能分极轴追踪和对象捕捉追踪两种。

4.4.1　极轴追踪

极轴追踪，按事先给定的角度增量来追踪特征点。

例 4-6　经过基准点 A，每隔 30° 画一条射线，步骤如下。

01 选择"工具"→"绘图设置（F）"命令，在弹出的"草图设置"对话框中选择"极轴追踪"选项卡。

02 选中"启用极轴追踪"复选框，将"增量角"值设为 30，如图 4-14 所示。

图 4-14

07 执行如下命令。

Ray ✓	// 射线命令
选择基准点	

08 拖动鼠标，可以每隔 30° 画出一条射线，
如图 4-15 所示。

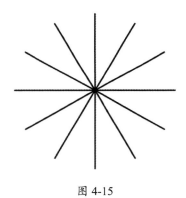

图 4-15

4.4.2 对象捕捉追踪

对象捕捉追踪是按与对象的某种特定关系来进行追踪的，例如相切、垂直等。

例 4-7 已知圆弧 *AB*，如图 4-16（a）所示，经过圆弧的端点，先画一条的切线，再画切线的垂线，
如图 4-16（b）所示。

作图步骤如下。

01 执行如下命令。

Line ✓ 　　　　　　　　　　　　　　　　　　　　　　　// 直线命令

02 选择 *B* 点。

03 拖动鼠标，直到直线 *BC* 与圆弧 *AB* 相切后单击。

04 再次拖动鼠标，直到直线 *CD* 与直线 *BC* 垂直后单击。

作图效果如图 4-16（b）所示。

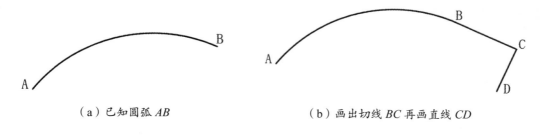

（a）已知圆弧 *AB*　　　　　　　　　（b）画出切线 *BC* 再画直线 *CD*

图 4-16

如果事先知道要追踪的角度，则使用"极轴追踪"功能；如果事先不知道具体的追踪角度，但知道与其他对象的某种关系（如相切、垂直等），则使用"对象捕捉追踪"功能，"极轴追踪"和"对象捕捉追踪"功能可以同时使用。

4.4.3　临时追踪点和捕捉自功能

在"对象捕捉"工具栏中，还有两个非常有用的对象捕捉工具，即"临时追踪点"和"捕捉自"工具。

"临时追踪点"工具可以在一次操作中创建多条追踪线，并根据这些追踪线确定所要定位的点。

"捕捉自"工具在使用相对坐标指定下一个应用点时，可以提示输入基点，并将该点作为临时参照点，这与通过输入前缀 @ 使用最后一个点作为参照点类似。它不是"对象捕捉"模式，但经常与"对象捕捉"模式一起使用。

4.4.4　自动追踪功能

使用自动追踪功能可以快速而且精确地定位点，在很大程度上提高了绘图效率。在 AutoCAD 中，要设置自动追踪功能，可以打开"选项"对话框，在"草图"选项卡的"自动追踪设置"选项组中进行设置，其各选项功能介绍如下。

- 显示极轴追踪矢量：设置是否显示极轴追踪的矢量数据。

- 显示全屏追踪矢量：设置是否显示全屏追踪的矢量数据。

- 显示自动追踪工具栏提示：设置在追踪特征点时，是否显示工具栏上的相应按钮的提示文字。

4.5 设置动态输入

在 AutoCAD 中，使用动态输入功能可以在鼠标指针位置显示标注输入和命令提示等信息，从而方便绘图。动态输入可以分为指针输入、标注输入和动态提示三类。

4.5.1 启用指针输入

在"草图设置"对话框的"动态输入"选项卡中，选中"启用指针输入"复选框可以启用指针输入功能，如图 4-17 所示。在"指针输入"选项组中单击"设置"按钮，使用弹出的"指针输入设置"对话框设置指针的格式和可见性，如图 4-18 所示。

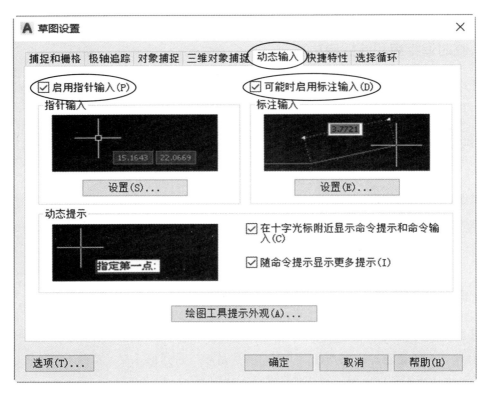

图 4-17

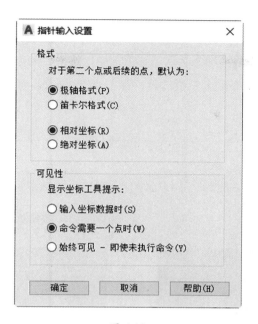

图 4-18

4.5.2 启用标注输入

在"草图设置"对话框的"动态输入"选项卡中,选中"可能时启用标注输入"复选框可以启用标注输入功能。在"标注输入"选项组中单击"设置"按钮,使用弹出的"标注输入的设置"对话框可以设置标注的可见性,如图 4-19 所示。

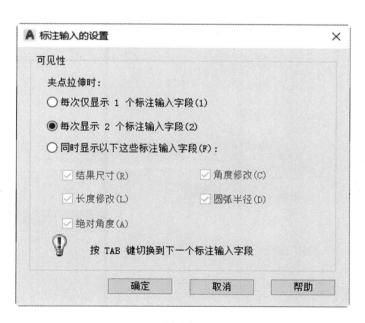

图 4-19

4.5.3 显示动态提示

在"草图设置"对话框的"动态输入"选项卡中,选中"动态提示"选项组中的"在十字光标附近显示命令提示和命令输入"复选框,如图 4-20 所示。可以在鼠标指针附近显示命令提示,如图 4-21 所示。

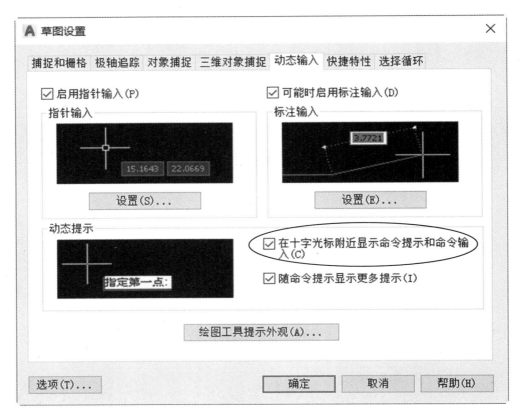

图 4-20

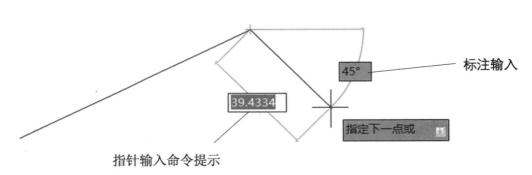

图 4-21

4.6 作业

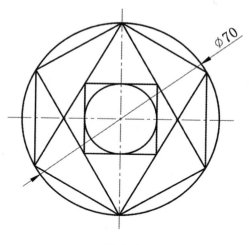

图 4-22

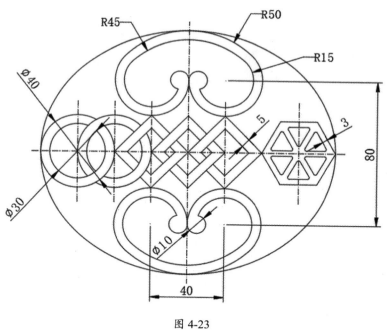

图 4-23

第 5 章　面域与图案填充

在 AutoCAD 中，面域和图案填充也属于二维图形对象。其中，面域是具有边界的平面区域，它是一个面对象，内部可以包含孔；图案填充是一种使用指定线条图案来充满指定区域的图形对象，经常用于表达剖切面和不同类型物体对象的外观纹理。本章学习创建面域和图案填充的编辑方法，了解面域和图案填充的定义方法。

5.1　面域

5.1.1　创建面域

在 AutoCAD 中，可以将由某些对象围成的封闭区域转换为面域，这些封闭区域可以是圆、椭圆、其他封闭的二维多段线条或封闭的样条曲线等对象，也可以是由圆弧、直线、二维多段线、椭圆弧、样条曲线等对象构成的封闭区域。创建面域的方法有以下两种。

- 选择"绘图（D）"→"面域（N）"命令，或在"绘图"工具栏中单击"面域"按钮，然后选择一个或多个用于转换为面域的封闭图形，当按 Enter 键后即可将其转换为面域。

- 选择"绘图（D）"→"边界（B）"命令，在弹出的"边界创建"对话框的"对象类型"下拉列表中选择"面域"选项，再单击"拾取点（P）"按钮，然后在封闭区域中选择任意点，单击"确定"按钮后，选中的封闭区域转换为面域。

例 5-1　将图 5-1 所示的圆形和图 5-2 所示的多边形转换为面域。

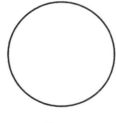

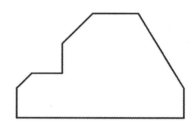

图 5-1　　　　　　　　　　　　图 5-2

第一种方法

01 选择"绘图（D）"→"面域（N）"命令。

02 选择圆形。

03 按 Enter 键，即可将圆转换为面域。

第二种方法

01 选择"绘图（D）"→"边界（B）"命令。

02 在"边界创建"对话框的"对象类型"下拉列表中选择"面域"选项，再单击"拾取点（P）"按钮，如图 5-3 所示。

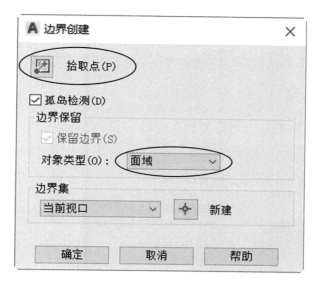

图 5-3

03 在多边形区域中选择任意点。

04 按 Enter 键，即可将圆转换为面域。

5.1.2　面域的布尔运算

选择"修改（M）"→"实体编辑（N）"命令，可以对面域进行布尔运算，布尔运算分为并集、差集和交集三种，如图 5-4 所示。

- 并集：创建面域的并集，可以将多个面域合并为一个面域。

- 差集：创建面域的差集，使用一个面域减去另一个面域。

- 交集：创建多个面域的公共部分。

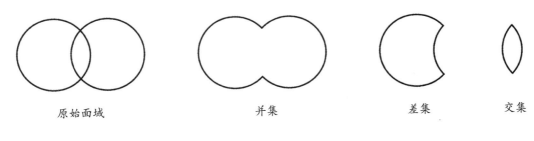

| 原始面域 | 并集 | 差集 | 交集 |

图 5-4

5.1.3 从面域中提取数据

选择"工具（T）"→"查询（Q）"→"面域 / 质量特性（M）"命令，再选择面域对象，按 Enter 键，显示面域对象的数据特性，如面积、质心、惯性等，如图 5-5 所示。

```
---------------- 面域 ----------------

面积:            20605.6960
周长:            571.9553
边界框:          X: 512.1395  --  719.1795
                Y: -6284.2617  --  -6164.9573
质心:            X: 615.6595
                Y: -6224.6095
惯性矩:          X: 7.9840E+11
                Y: 7873126164.9844
惯性积:          XY: 78965970069.7969
旋转半径:        X: 6224.6847
                Y: 618.1302
主力矩与质心的 X-Y 方向:
                I: 19296555.3330 沿 [1.0000 0.0000]
                J: 62813169.6041 沿 [0.0000 1.0000]
```

图 5-5

5.2 图案填充

重复绘制某些图案以填充图形中的一个区域，用来表达该区域的特征，这种填充操作称为"图案填充"。图案填充的应用非常广泛，例如，在机械工程图中，可以用图案填充表达剖面，也可以使用不同的图案填充来表达不同的零部件或者材料。

例 5-2 先创建一个直径为 20mm 的圆，并进行填充，步骤如下。

01 先创建一个直径为 20mm 的圆。

02 选择"绘图（D）"→"图案填充（H）"命令，在弹出的"图案填充和渐变色"对话框中单击"添加：拾取点（K）"按钮，如图 5-6 所示。

03 在圆的内部任意选定一点，再按 Enter 键。

提示：

在某些情况下，如果区域中的线条太多，可以单击"添加：选择对象（B）"按钮，然后在圆周上任意选定一点，再按Enter键。

04 在"图案填充和渐变色"对话框中单击"图案"下拉列表所对应的 … 按钮，如图 5-6 所示。

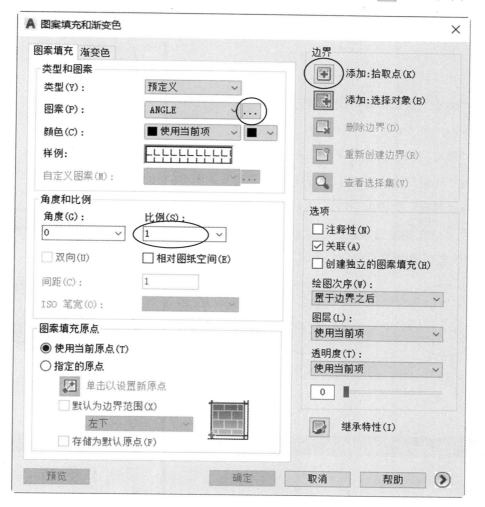

图 5-6

05 在弹出的"填充图案选项板"对话框中进入 ANSI 选项卡，选择 ANSI31 图案，如图 5-7 所示。

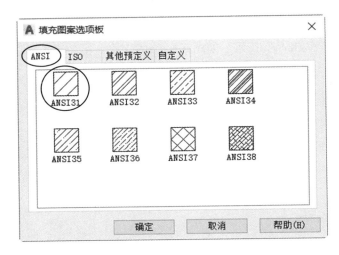

图 5-7

06 单击"确定"按钮，在"图案填充与渐变色"对话框中，将"角度"值设为 0，"比例"值设为 1。

07 单击"确定"按钮，创建填充图案，如图 5-8（a）所示。

08 如果将"比例"值设为 0.5，所创建的填充图案如图 5-8（b）所示。

09 如果将"角度"值设为 90°，所创建的填充图案如图 5-8（c）所示。

10 如果在"填充图案选项板"对话框中进入"其他预定义"选项卡，再选择 SOLID 图案，所创建的填充图案如图 5-8（d）所示。

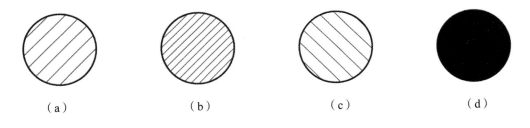

（a） （b） （c） （d）

图 5-8

例 5-3　先创建一个没有封闭的三角形，如图 5-9 所示，再进行填充，步骤如下。

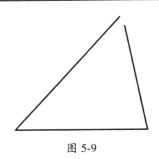

图 5-9

01 选择"绘图（D）"→"图案填充（H）"命令，在弹出的"图案填充和渐变色"对话框中单击"添加：选择对象（B）"按钮。

02 选择三角形的 3 条边，再按 Enter 键。

03 在"图案填充和渐变色"对话框中单击右下角的箭头按钮，将"公差"值设为 0.5 单位，选择 ANSI31 图案，如图 5-10 所示。

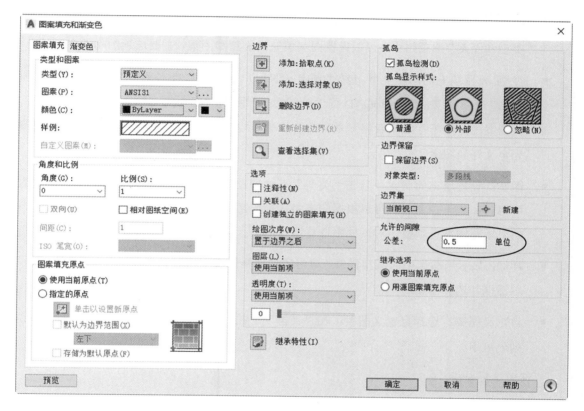

图 5-10

04 单击"确定"按钮，创建填充图案，如图 5-11 所示。

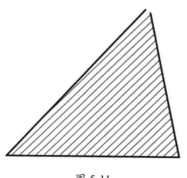

图 5-11

5.2.1 填充界面简介

选择"绘图（D）"→"图案填充（H）"命令，或在"绘图"工具栏中单击"图案填充"按钮，打开"图案填充和渐变色"对话框并进入"图案填充"选项卡，此时可以设置图案填充时的类型和图案、角度和比例等特性。

1. 填充的类型和图案

在"类型和图案"选项组中，可以设置图案填充的类型和图案，主要选项的功能介绍如下。

- 类型：设置填充的图案类型，包括"预定义""用户定义"和"自定义"3个选项。其中，"预定义"选项可以使用 AutoCAD 提供的图案；"用户定义"选项，则需要临时定义图案，该图案由一组平行线或者相互垂直的两组平行线组成；"自定义"选项，可以使用事先定义好的图案。

- 图案：设置填充的图案，当在"类型"下拉列表中选择"预定义"选项时该下拉列表可用。在该下拉列表中可以根据图案名选择图案，也可以单击其后的…按钮，在打开的"填充图案选项板"对话框中进行选择。

- 样例：显示当前选中的图案样例，单击所选的样例图案也可以打开"填充图案选项板"对话框并选择图案。

- 自定义图案：选择自定义图案，在"类型"下拉列表中选择"自定义"选项时该下拉列表可用。

2. 填充的角度和比例

在"角度和比例"选项组中，可以设置"用户定义"类型的图案填充的角度和比例等参数，主要选项的功能介绍如下。

- 角度：设置填充图案的旋转角度，每种图案在定义时的旋转角度都为0。

- 比例：设置图案填充时的比例值。每种图案在定义时的初始比例为1，可以根据需要放大或缩小。在"类型"下拉列表中选择"用户定义"选项时该下拉列表不可用。

- 双向：当在"类型"下拉列表中选择"用户定义"选项时，选中该复选框，可以使用相互垂直的两组平行线填充图形，否则为一组平行线。

- 相对图纸空间：设置比例因子是否为相对于图纸空间的比例。

- 间距：设置填充平行线之间的距离，当在"类型"下拉列表中选择"用户定义"时，该文本框才可用。

- ISO 笔宽：设置笔的宽度，当填充图案采用 ISO 图案时，该下拉列表才可用。

3. 图案填充原点

在"图案填充原点"选项组中，可以设置图案填充原点的位置，因为许多图案填充需要对齐填充边界上的某一个点。主要选项的功能介绍如下。

- 使用当前原点：可以使用当前 UCS 的原点（0,0）作为图案填充原点。
- 指定的原点：可以通过指定点作为图案填充原点。其中，单击"单击以设置新原点"按钮，可以从绘图窗口中选择某一点作为图案填充原点；选中"默认为边界范围"复选框，可以填充边界的左下角、右下角、右上角、左上角或圆心作为图案填充原点；选中"存储为默认原点"复选框，可以将指定的点存储为默认的图案填充原点。

4. 填充的边界

在"边界"选项组中，包括"添加：拾取点"和"添加：选择对象"等按钮，其功能介绍如下。

- "添加：拾取点"：以拾取点的形式来指定填充区域的边界。单击该按钮切换到绘图窗口，可在需要填充的区域内任意指定一点，系统会自动计算出包围该点的封闭填充边界，同时亮显该边界。如果在拾取点后系统不能形成封闭的填充边界，则会显示错误提示信息。
- "添加：选择对象"：单击该按钮将切换到绘图窗口，可以通过选择对象的方式来定义填充区域的边界。
- 删除边界：单击该按钮可以取消系统自动计算或用户指定的边界。
- 重新创建边界：重新创建图案填充边界。
- 查看选择集：查看已定义的填充边界。单击该按钮，切换到绘图窗口，已定义的填充边界将亮显。

5. 其他选项功能

在"选项"选项组中，"关联"复选框用于创建其边界时随之更新的图案和填充；"创建独立的图案填充"复选框用于创建独立的图案填充；"绘图次序"下拉列表用于指定图案填充的绘图顺序，图案填充可以放在图案填充边界及所有其他对象之后或之前。

此外，单击"继承特性"按钮，可以将现有图案填充或填充对象的特性应用到其他图案填充或填充对象上；单击"预览"按钮，可以使用当前图案填充设置显示当前定义的边界，单击图形或按 Esc 键返回对话框，单击、右击或按 Enter 键接受图案填充。

6. 设置孤岛和边界

在进行图案填充时，通常将位于一个封闭区域内的封闭区域称为"孤岛"。单击"图案填充和渐变色"对话框右下角的箭头按钮，可以对孤岛和边界进行设置，如图 5-12 所示。

图 5-12

例 5-4 分别创建一个矩形、六边形和圆形，并成嵌套的形式，再用孤岛的方式进行填充，如图 5-13 所示。

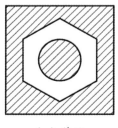

（a）普通

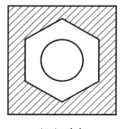

（b）外部

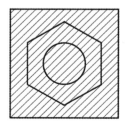

（c）忽略

图 5-13

5.2.2　不同材质的剖面图案

按 GB/T4457.5—2013 规定，不同的材质有不同的剖面图案，如表 5-1 所示。

表 5-1　不同材质的剖面图案（GB/T4457.5—2013）

材料名称	剖面图案	材料名称	剖面图案
金属材料 （已有规定剖面符号者除外）	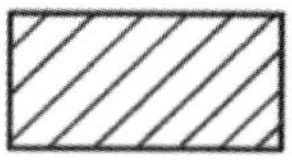	木质胶合板 （不分层数）	
线圈绕组元件	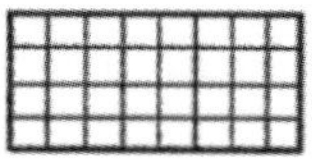	基础周围的泥土	
转子、电驱、变压器和电抗器等的迭钢片		混凝土	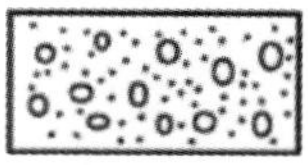
非金属材料 （已有规定剖面符号者除外）	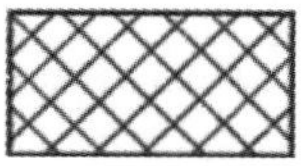	钢筋混凝土	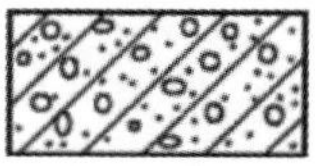
型砂、填砂、粉末冶金、砂轮、陶瓷刀片、硬质合金刀片等	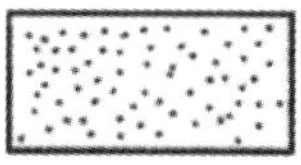	砖	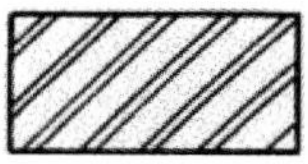
玻璃及供观察用的其他透明材料		格网（筛网、过滤网等）	
木材　纵剖面		液体	
木材　横剖面			

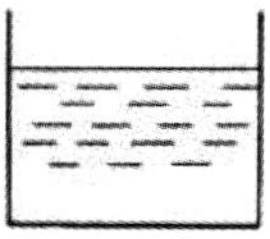

5.2.3　使用渐变色填充图形

选择"绘图（D）"→"渐变色"命令，在"图案填充和渐变色"对话框中进入"渐变色"选项卡，如图 5-14 所示，可以创建单色或双色渐变色，并对图案进行填充。

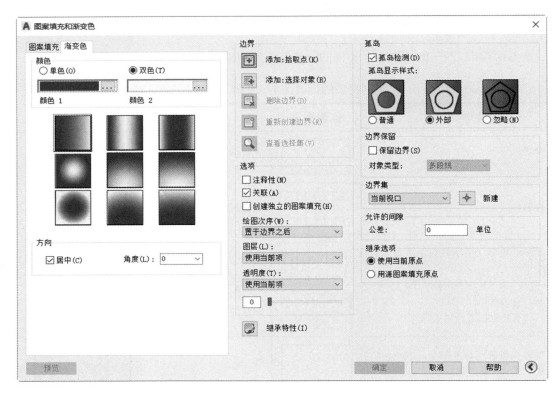

图 5-14

5.2.4 编辑图案填充

创建了图案填充后,如果需要修改填充图案或修改图案区域的边界,可以选择"修改"→"对象"→"图案填充"命令,并在绘图窗口中单击需要编辑的图案填充,此时将打开"图案填充编辑"对话框,再重新选择边界。

例 5-5 将图 5-15(a)所示的填充修改为图 5-15(b)所示的填充。

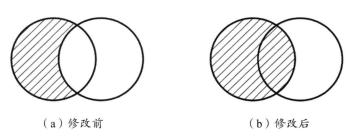

（a）修改前　　　　　　　（b）修改后

图 5-15

步骤如下。

01 选择"修改（M）"→"对象（O）"→"图案填充（H）"命令。

02 在绘图窗口中单击需要编辑的图案填充。

03 选择新的边界。

5.2.5　分解图案

"图案"是一种特殊的块，无论形状有多么复杂，它都是一个单独的对象。可以使用"修改（M）"→"分解（X）"命令来分解已创建的图案。图案被分解后，它将不再是一个单一对象，而是若干条组成图案的线条。同时，分解后的图案也失去了与图形的关联性，也无法使用"修改（M）"→"对象（O）"→"图案填充（H）"命令进行编辑了。

5.3　设计自定义填充图案

AutoCAD 只提供了一些常用的填充图案，在日常的 CAD 绘图设计时，用户可以根据绘图需要，对填充图案的形状、比例、角度等进行重新设置，并保存在图案库中，在需要时调出来使用。设计自定义填充图案的方法如下。

5.3.1　加载图案插件

设计自定义填充图案之前必须先加载图案插件，这样才能将自定义填充图案保存到图案库中。加载图案插件的步骤如下。

01 下载自定义填充图案插件 YQMKPAT。

02 在命令栏中输入 AP 加载程序命令，加载插件，选用默认参数，如图 5-16 所示。

图 5-16

5.3.2　创建自定义图案

以水纹图案为例，详细说明自定义填充图案的制作过程，具体如下。

01 绘制两条线段，如图5-17所示。

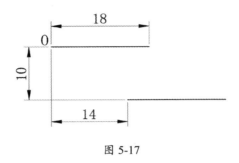

图 5-17

02 在命令栏输入MP或MP1，这里建议输入MP1，（因为MP尺寸是固定的，无法调整），在弹出的"新建一个填充图案.pat文件"对话框的"文件名"文本框中输入"水的图案"，如图5-18所示。

图 5-18

03 单击"保存"按钮。

04 选择图5-17绘制的两条直线。

05 命令行操作如下。

```
图案基点：<退出> 选择端点 O✓
横向重复间距：<退出> 28✓
```

竖向重复间距：<28> 20 ✓

5.3.3　插入自定义图案

插入自定义图案的步骤如下。

01 先绘制一个矩形（100mm×50mm）。

02 选择"绘图（D）"→"图案填充（H）"命令，在弹出的"图案填充和渐变色"对话框的"类型"下拉列表中选择"预定义"选项，再单击"添加：拾取点（K）"按钮，在矩形的内部任意选择一点，并按 Enter 键。

03 在"图案填充和渐变色"对话框中单击"图案"下拉列表对应的 **...** 按钮，如图 5-6 所示。

04 在弹出的"填充图案选项板"对话框中选择"自定义"选项卡，选择"水的图案 .pat"选项，如图 5-19 所示。

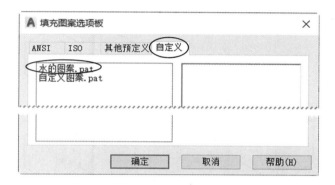

图 5-19

05 单击"确定"按钮，填充效果如图 5-20 所示。

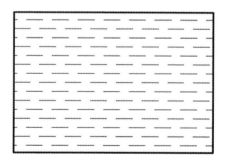

图 5-20

例 5-6　创建六边形填充图案，如图 5-21 所示。

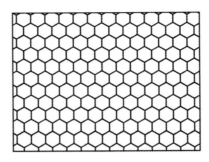

图 5-21

01 任意绘制一个正六边形，如图 5-22 所示。

02 在命令栏中输入 EXPLODE，将正六边形分解成 6 条线段。

03 多次复制上一步创建的正六边形，如图 5-23 所示。

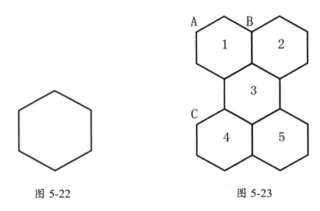

图 5-22　　　　　　　　　　　　　图 5-23

04 在命令栏输入 MP1，在弹出的"新建一个填充图案 .pat 文件"对话框的"文件名"文本框中输入"六边形图案"，如图 5-24 所示。

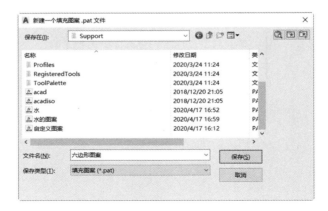

图 5-24

05 单击"保存"按钮。

06 选择第 1 和第 3 两个正六边形，不要选择其他正六边形。

07 命令操作如下。

图案基点：<退出> 选择端点 A

横向重复间距：<退出> 选择端点 A，再选择端点 B

竖向重复间距：<退出> 选择端点 A，再选择端点 C

08 绘制一个矩形（100mm×50mm）。

09 选择"绘图（D）"→"图案填充（H）"命令，在弹出的"图案填充和渐变色"对话框的"类型"下拉列表中选择"预定义"选项，再单击"添加：拾取点（K）"按钮，在矩形的内部任意选择一点，并按 Enter 键。

10 在"图案填充和渐变色"对话框中单击"图案"下拉列表所对应的 ... 按钮。

11 在"填充图案选项板"对话框中选择"自定义"选项卡，选择"六边形图案 .pat"选项。

12 六边形图案填充的执行效果如图 5-21 所示。

5.4 作业

1）绘制图 5-25 的图形，并回答下列问题。

（1）轮廓的周长是多少？

（2）X、Y、Z 三点所围成的三角形面积是多少？

（A）4003.3996　　　（B）4005.3996　　　（C）4002.3996　　　（D）4004.3996

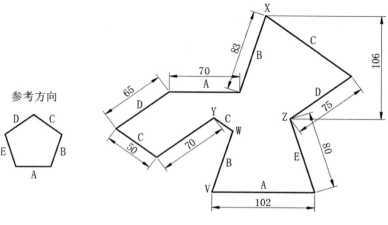

图 5-25

（3）W、X、Y 所围成的三角形周长是多少？

（4）线段 WV 的长度是多少？

（A）66.2398　　　（B）66.2198　　　（C）66.2498　　　（D）66.2298

（5）三角形△VWZ 的周长是多少？

2）绘制图形并进行填充，如图 5-26 所示。

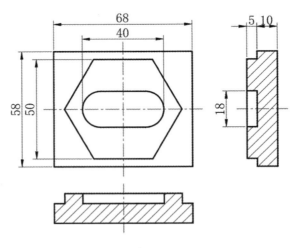

图 5-26

3）创建下列两个自定义图案，如图 5-27 所示。

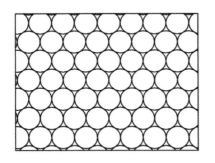
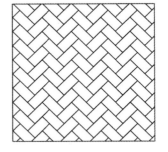

图 5-27

第 6 章 线型设置

"线型"是指图形基本元素中线条的组成和显示方式，如虚线和实线、粗线和细线等。在 AutoCAD 中既有简单线型，也有由一些特殊符号组成的复杂线型，以满足不同的国家标准或行业标准的要求。本章以实例的形式，详细介绍线型、线宽的编辑方法。

6.1 设置线型

在绘制图形时要使用线型来区分图形元素，这就需要对线型进行设置。AutoCAD 的默认线型为实线（Continuous），要改变线型，可以在"线型管理器"对话框中选择一种新的线型。下面以实例说明线型设置的步骤和方法。

例 6-1 用虚线绘制一个矩形和圆，步骤如下。

01 选择"格式（O）"→"线型（N）"命令，在弹出的"线型管理器"对话框中选择 ACAD_ISO03W100 选项，再单击"当前（C）"按钮和单击"确定"按钮，如图 6-1 所示。

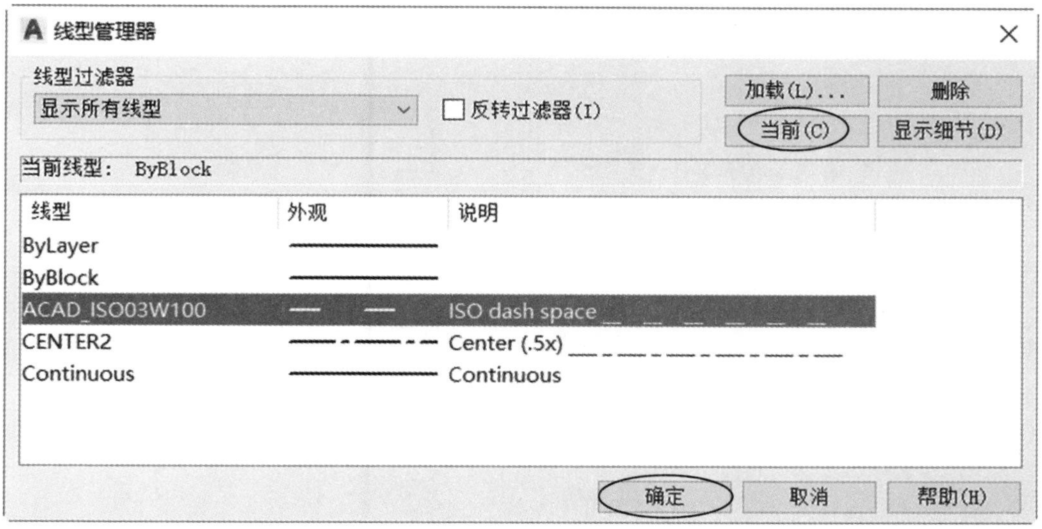

图 6-1

02 在绘图区域绘制矩形和圆，所绘制的图形呈虚线状，如图 6-2 所示。

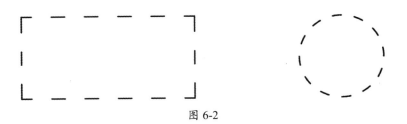

图 6-2

6.2 设置线型比例

AutoCAD 默认的线型比例为 1，如果要改变线型比例，可以在"线型管理器"对话框中修改"全局比例因子"值。下面以实例说明线型比例设置的步骤和方法。

01 选择"格式（O）"→"线型（N）"命令，打开"线型管理器"对话框，单击"显示细节"按钮，将"全局比例因子"值设为 0.5000，如图 6-3 所示。

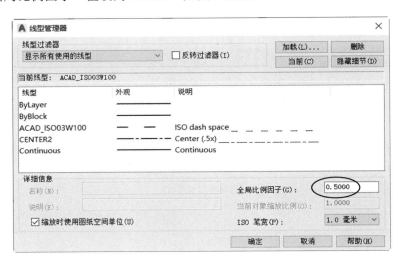

图 6-3

02 单击"确定"按钮，图 6-2 所绘制的虚线矩形和圆的间距变密，如图 6-4 所示。

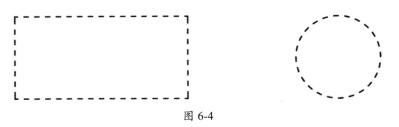

图 6-4

6.3 加载线型

在默认情况下，AutoCAD 的"线型管理器"对话框中只有一种线型，即实线（Continuous），如果要使用其他线型，可单击"加载"按钮，打开"加载或重载线型"对话框，在"可用线型"栏中选择其他线型。下面将图 6-4 中矩形和圆的线型改为 PHANTOMX2，步骤如下。

01 选择"格式（O）"→"线型（N）"命令，在弹出的"线型管理器"对话框中单击"加载（L）"按钮。

02 在弹出的"加载或重载线型"对话框中选择 PHANTOMX2 选项，如图 6-5 所示。

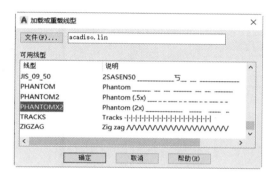

图 6-5

03 单击两次"确定"按钮，退出"线型管理器"对话框。

04 先在绘图区中选择矩形和圆，再在"特性"工具栏中选择 PHANTOMX2 选项，如图 6-6 所示。

图 6-6

05 矩形的线型变成 PHANTOMX2 线型，即双点画线，如图 6-7 所示。

图 6-7

6.4 设置线宽

线宽设置就是改变线条的宽度。使用不同宽度的线条表示对象的大小或类型，可以提高图形的表达能力和可读性。在 AutoCAD 中，默认的线宽是 0.00mm。有两种方法设置对象的线宽，一是选择"格式（O）"→"线宽（W）"命令，在弹出的"线宽设置"对话框中选择线宽 1.00mm，如图 6-8 所示，此后所画图形的线宽为 1.00mm。二是先画图，然后选择所绘图形，再在"特性"工具栏的"线宽"下拉列表中选择对应的线宽，对已画好的线条调整线宽。

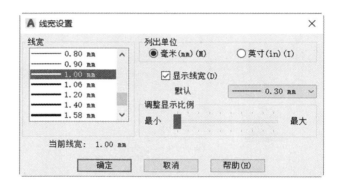

图 6-8

例 6-2　将图 6-7 中矩形和圆的线宽改为 0.35mm，步骤如下。

01 选择矩形和圆。

02 在"特性"工具栏的"线宽"下拉列表中选择 0.35mm 选项，如图 6-9 所示。

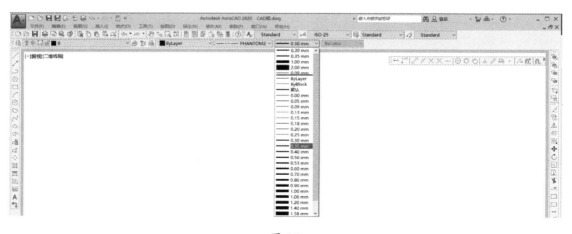

图 6-9

03 矩形和圆的线条变粗，如图 6-10 所示。

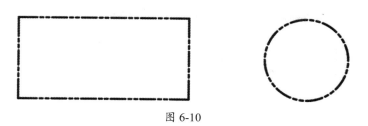

图 6-10

6.5　特性匹配

在 AutoCAD 中，特性匹配是比较常用的命令，其可以用已知的某一样式为标准，去改变另外一个样式，从而获得与已知样式具有相同格式的样式，它可以匹配图层、文字、尺寸、箭头大小、填充等。

例 6-3　用实线绘制一样条曲线，并用格式刷将线型、线宽调整成图 6-10 所示的状态，步骤如下。

01 在"特性"工具栏中将线型设为 ByBlock，将线宽设为 ByLayer，如图 6-11 所示。

图 6-11

提示：

ByBlock（随块）：对象属性使用它所在的图块的属性；ByLayer（随层）：对象属性使用它所在图层的属性。如果图形对象属性设置为 ByBlock 和 ByLayer，但没有被定义成图块，此对象将使用默认的属性，颜色为白色、线宽为 0、线型为实线、图层为 0。

02 选择"绘图（D）"→"样条曲线（S）"→"拟合点（F）"命令，在绘图区中任意绘制一样条曲线，样条曲线呈细实线，如图 6-12 所示。

图 6-12

03 选择"修改（M）"→"特性匹配（M）"命令。

04 先单击圆，再单击样条曲线，样条曲线的线型和线宽变为与圆的线型和线宽相同的状态，如图 6-13 所示。

图 6-13

6.6 编辑对象特性

对象特性包含一般特性和几何特性。一般特性包括对象的颜色、线型、图层及线宽等；几何特性包括对象的尺寸和位置，可以直接在"特性"选项板中设置和修改对象的特性。

1. 打开"特性"选项板

选择"修改（M）"→"特性（P）"命令，也可以在"标准"工具栏中单击"特性"按钮，在界面的左侧打开"特性"选项板，如图 6-14 所示。

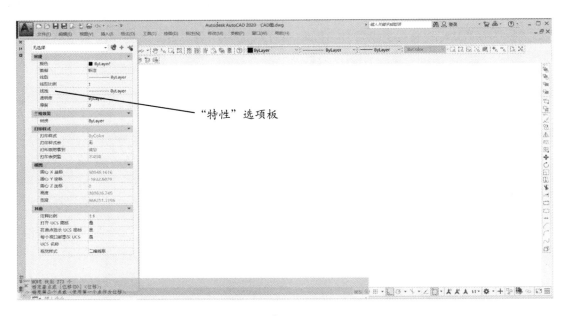

图 6-14

2. "特性"选项板的功能

"特性"选项板中显示了当前所选对象的所有特性和特性值，当选中多个对象时，将显示它们的共有特性，也可以通过"特性"选项板浏览、修改对象的特性。

例 6-4 绘制一条长度为 100mm、线宽为 0.3mm、颜色为黑色的粗实线，如图 6-15 所示。将其变为线宽为 0.13mm、颜色为红色、线型比例为 20 的细点画线，步骤如下。

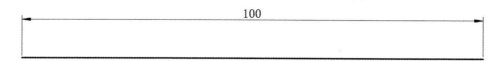

图 6-15

01 先选择直线。

02 选择"修改（M）"→"特性（P）"命令。

03 在"特性"选项板中将"颜色"设置为红色，"图层"设置为"中心线"，"线型"设置
为 CENTER，"线型比例"设置为 20，"线宽"设置为 0.13mm，如图 6-16 所示。

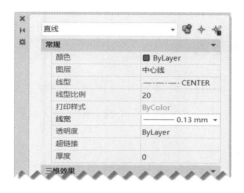

图 6-16

04 执行的效果如图 6-17 所示。

图 6-17

例 6-5　在一幅 CAD 图中，有几种不同线型和线宽的图线，如图 6-18 所示。现在要求将这幅
图中几种不同特性的图线设置为与矩形右侧粗实线的特性一致，步骤如下。

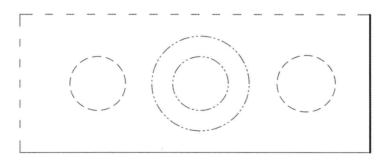

图 6-18

01 选择"修改（M）"→"特性匹配（M）"命令。

02 选择矩形右侧直线。

03 选择其他图线，执行效果如图6-19所示。

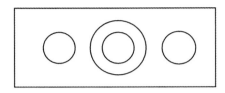

图 6-19

6.7 机械制图的基本要求

根据国标 GB/T 4457.4 － 2002《机械制图 图样画法 图线》规定，在机械制图中常用的线型有粗（细）实线、粗（细）虚线、波浪线、双折线、粗（细）点画线、细双点画线等，如表6-1所示。

表 6-1　机械制图中常用的线型

图线名称	图线型式	线宽	应用
粗实线	_d_	d	可见轮廓线、可见棱边线、相贯线、螺纹牙顶线、螺纹长度终止线、齿顶圆线、表格图、流程图中的主要表示线、系统结构线、模样分型线、剖切符号用线
细实线		$d/2$	过渡线、尺寸线、尺寸界线、指引线和基准线、剖面线、重合断面的轮廓线、短中心线、螺纹牙底线、尺寸线的起止线、表示平面的对角线、零件成形前的弯折线、范围线及分界线、重复要素表示线、锥形结构的基面位置线、叠片结构位置线、辅助线、不连续同一表面连线、成规律分布的相同要素连线、投影线、网格线
细虚线	12d　3d	$d/2$	不可见轮廓线、不可见棱边线
粗虚线		d	允许表面处理的表示线
波浪线			
双折线	7.5d　14d　30°	$d/2$	断裂处的边界线、视图和剖视图的分界线
粗点画线		d	限定范围的表示线

续表

图线名称	图线型式	线宽	应用
细点画线	6d ─┤├─ 24d ─┤	d/2	轴线、对称中心线、分度圆线、孔系分布的中心线、剖切线
细双点画线	9d ─ 24d	d/2	相邻辅助零件的轮廓线、可动零件在极限位置的轮廓线、重心线、成形前的轮廓线、剖切面前的结构轮廓线、轨迹线、毛坯图中制品的轮廓线、特定区域线、延伸公差带表示线、工艺用结构的轮廓线、中断线

在机械图样中，粗线和细线的宽度之比为 2:1，在 AutoCAD 中，粗线的宽度一般为 0.3mm，细线的宽度一般为 0.13mm。在同一图样中，同类图线的宽度应一致，如图 6-20 所示。

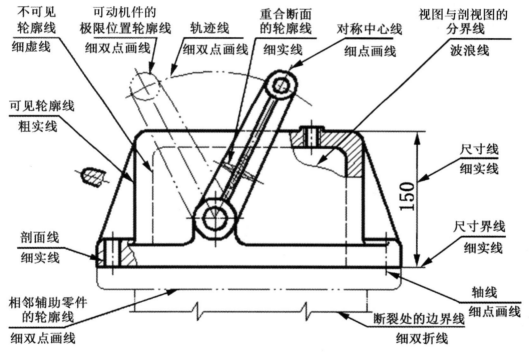

图 6-20

6.8　作业

1. 绘制如图 6-21 和图 6-22 所示的图形。

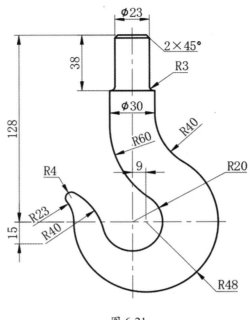

图 6-21

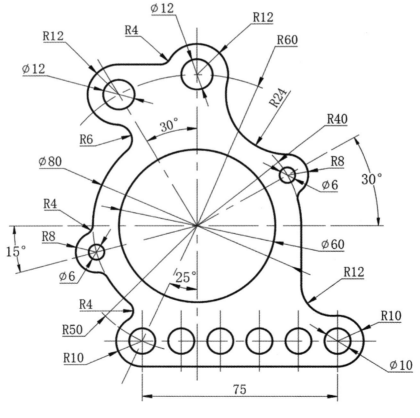

图 6-22

第 7 章 图层

通过本章的学习，应掌握新图层的创建方法，包括设置图层的颜色、线型和线宽；"图层特性管理器"对话框的使用方法，并能够设置图层特性、过滤图层和使用图层功能绘制图形。

7.1 图层的基本概念

图层是 AutoCAD 提供的管理图形对象的工具，可以将粗实线、细实线、中心线、注解、标注等放入不同的图层中，进行归类处理。使用图层来管理它们，不仅能使图形的各种信息清晰、有序，便于观察，而且也会给图形的编辑、修改和输出带来极大的便利。

启动 AutoCAD，选择"格式（O）"→"图层（L）"命令，或者在命令栏中输入 LA，即可打开"图层特性管理器"，如图 7-1 所示。

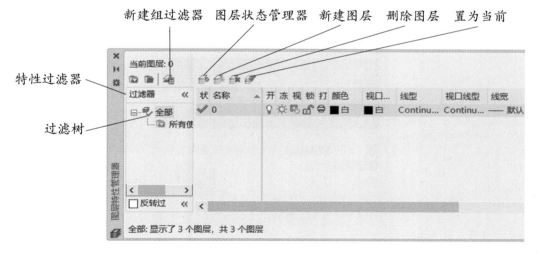

图 7-1

7.2 创建新图层

AutoCAD 已自动创建一个图层名称为 0 的图层，默认情况下，该图层将被指定使用 7 号颜色（白色或黑色，由背景色决定，本书中将背景色设置为白色，因此，图层颜色就是黑色）、线型为 Continuous、"默认"线宽及 normal 打印样式，用户不能删除或重命名图层 0。在绘图过程中，如果要使用更多的图层来组织图形，就需要先创建新图层。

1. 更改图层名称

在"图层特性管理器"对话框中单击"新建图层"按钮，可以创建一个名称为"图层 1"的新图层。默认情况下，新建图层与当前图层的状态、颜色、线型、线宽等设置相同。

当创建了图层后，图层的名称将显示在图层列表框中，如果要更改图层名称，可单击该图层名，然后输入一个新的图层名并按 Enter 键即可，在这里将图层名改为"中心线"。

2. 设置图层颜色

颜色在图形中具有非常重要的作用，可用来表示不同的组件、功能和区域。图层的颜色实际上是图层中图形对象的颜色。每个图层都拥有自己的颜色，对不同的图层可以设置相同的颜色，也可以设置不同的颜色，绘制复杂图形时就可以很容易区分图形的各部分。

新建图层后，要改变图层的颜色，可在"图层特性管理器"对话框中单击图层的"颜色"列对应的图标，打开"选择颜色"对话框，此处选择红色，如图 7-2 所示。

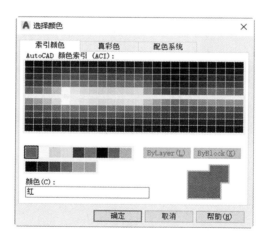

图 7-2

3. 设置图层线型

默认情况下，图层的线型为 Continuous。如果要改变线型，可在图层特性管理器中单击"线型"列的 Continuous，打开"选择线型"对话框。默认情况下，在"已加载的线型"列表框中只有 Continuous 一种线型，如图 7-3 所示。

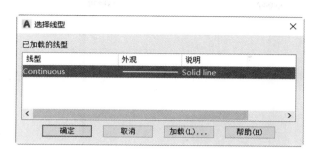

图 7-3

4. 加载线型

在"选择线型"对话框中单击"加载"按钮，弹出"加载或重载线型"对话框，选择 CENTER 线型，然后单击"确定"按钮，如图 7-4 所示。

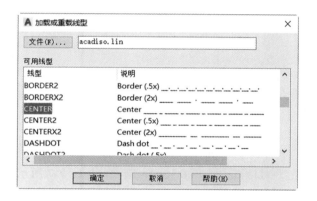

图 7-4

单击"确定"按钮，将 CENTER 线型添加到"已加载的线型"列表框中，如图 7-5 所示。

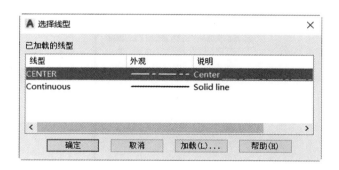

图 7-5

5. 设置线型比例

选择"格式（O）"→"线型"命令，在弹出的"线型管理器"对话框中单击"显示细节"

按钮，将"全局比例因子"值设为 0.3000，如图 7-6 所示，从而改变 CENTER 线型的间隔。

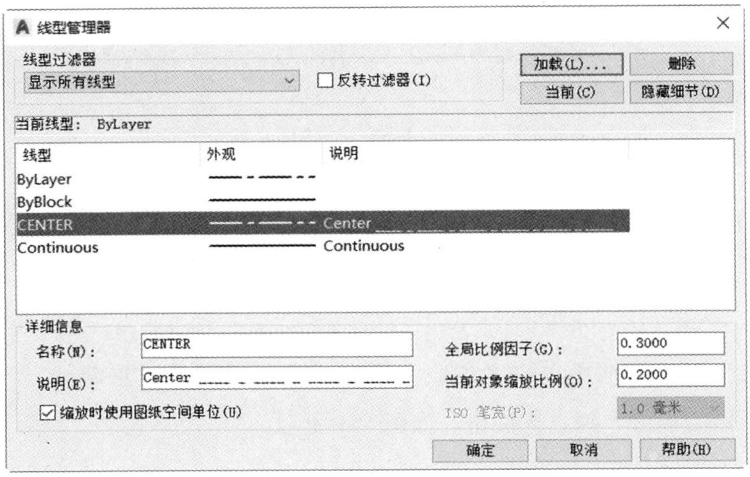

图 7-6

6. 设置图层线宽

线宽设置就是改变线条的宽度。在 AutoCAD 中，使用不同宽度的线条表现对象的大小或类型，可以提高图形的表达能力和可读性。

要设置图层的线宽，可以在图层特性管理器的"线宽"列中单击该图层对应的线宽"——默认"，在弹出的"线宽"对话框中选择 0.13mm 选项，如图 7-7 所示。

图 7-7

单击"确定"按钮，返回图层特性管理器，此时"中心线"图层是当前图层，颜色为红色，线型为 CENTER，线宽为 0.13mm，如图 7-8 所示。

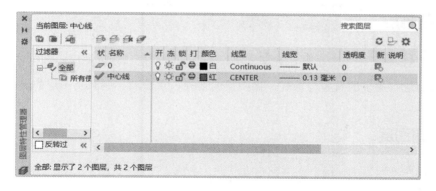

图 7-8

7. 创建其他图层

按照相同的方法，创建其他图层，如表 7-1 和图 7-9 所示。

表 7-1　创建图层

图层名称	颜色	线型	线宽	图例
中心线	红	CENTER	0.13	—— · —— · ——
粗实线	白	Continuous	0.35	————————
细实线	白	Continuous	0.13	————————
虚线	黄	DASHED	0.13	— — — — — —
双点画线	蓝	PHANTOM	0.13	—— · · —— · · ——
标注	绿	Continuous	0.13	
剖面	青	Continuous	0.13	
文本	洋红	Continuous	0.13	

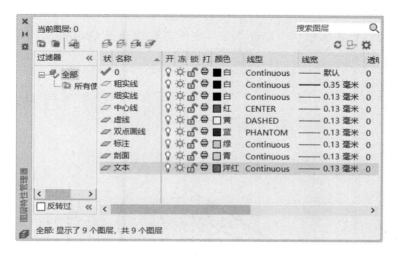

图 7-9

7.3 管理图层

在 AutoCAD 中，使用图层特性管理器不仅可以创建图层，设置图层的颜色、线型和线宽，还可以对图层进行更多的设置与管理，如图层的切换、重命名、删除及图层的显示控制等。

7.3.1 设置图层

在图层特性管理器中，每个图层都包含状态、名称、打开 / 关闭、冻结 / 解冻、锁定 / 解锁、线型、颜色、线宽和打印样式等特性。使用图层绘制图形时，新对象的各种特性将由当前图层设置决定，也可以在绘制对象后，单独设置该对象的特性。

例 7-1 选择"格式（0）"→"图层（L）"命令，打开"图层特性管理器"对话框，设定中心线图层为当前图层，然后在工作区中绘制圆弧、直线等图形，所绘制图形的线型是点画线，颜色为红色，线宽为 0.13mm，如图 7-10 所示。

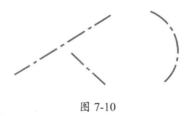

图 7-10

例 7-2 将上一步创建的图形改为实线、红色，线宽为 0.30mm，步骤如下。

01 选择上一步创建的图形。

02 在"特性"工具栏的颜色栏中选择红色，在线型栏中选择 Continuous，在线宽栏中选择 0.30mm，如图 7-11 所示。

图 7-11

03 选中的图形改为实线、红色，线宽为 0.30mm，如图 7-12 所示。

图 7-12

7.3.2　切换当前层

在图层特性管理器的图层列表中选择某一图层后，单击"当前图层"按钮，即可将该图层设置为当前层。

在实际绘图时，为了便于操作，主要通过"图层（L）"工具栏来实现切换图层的操作，此时只需选择要将其设置为当前层的图层名称即可，"图层（L）"工具栏如图 7-13 所示。

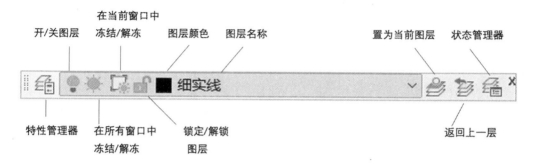

图 7-13

例 7-3　先在中心线图层中绘制一条水平中心线和一条垂直中心线，然后在粗实线图层中绘制一个直经为 10mm 的圆，最后在标注图层中标注尺寸，操作步骤如下。

01 在"特性"工具栏的颜色栏中选择 ByLayer，在线型栏中选择 ByLayer，在线宽栏中选择 ByLayer，如图 7-14 所示（ByLayer：对象属性使用其所在图层的属性。特性栏中还有一个 ByBlock 选项，含义是对象属性使用它所在的图块的属性）。

图 7-14

02 在"图层（L）"工具栏中选择"中心线"图层，如图 7-15 所示。

图 7-15

03 在工作区中绘制一条水平中心线和一条垂直中心线，如图 7-16 所示。

图 7-16

04 在"图层（L）"工具栏中选择"粗实线"图层，如图 7-17 所示。

图 7-17

05 以两条中心线的交点为圆心，画一个直径为 10mm 的圆，所绘制圆的颜色为黑色，线型为 Continuous，线宽为 0.13mm，如图 7-18 所示。

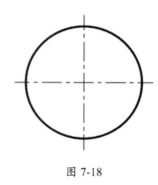

图 7-18

06 在"图层（L）"工具栏中选择"标注"图层，如图 7-19 所示。

图 7-19

07 选择"标注"→"直径"命令，标注圆的直径，标注的颜色为绿色，线型为 Continuous，线宽为 0.13mm，如图 7-20 所示。

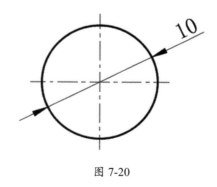

图 7-20

7.3.3 过滤图层

在 AutoCAD 中，图层过滤功能可以简化在图层方面的操作。当图形中包含大量图层时，查找起来会比较困难，可以在图层特性管理器中单击"新建特性过滤器"按钮，在打开的"图层过滤器特性"对话框中，设置过滤条件，在图层特性管理器中只显示满足条件的图层，可以缩短查找和修改图层设置的时间。

例 7-4　在图 7-9 创建的图层中，只显示颜色为白色的图层，操作步骤如下。

01 在图层特性管理器中单击"组过滤器"按钮，如图 7-21 所示。

图 7-21

02 在弹出的"图层过滤器特性"对话框中的"过滤器名称"文本框中输入"白色图层"，如图 7-22 所示。

	状态	名称		冻结	锁定	打印	颜色	线型	线宽	透明度	打印样…	新…
*												

A 图层过滤器特性
过滤器名称(N): 白色图层
过滤器定义:

图 7-22

03 单击"过滤器定义"栏中的 *，单击"颜色"栏的右下角，出现▣图标，如图 7-23 所示。

A 图层过滤器特性
过滤器名称(N): 白色图层
过滤器定义:

	状态	名称		冻结	锁定	打印	颜色	线型	线宽	透明度	打印样…	新…
▸*							▣					

图 7-23

04 单击▣图标，在弹出的"选择颜色"对话框中选择白色，如图 7-24 所示。

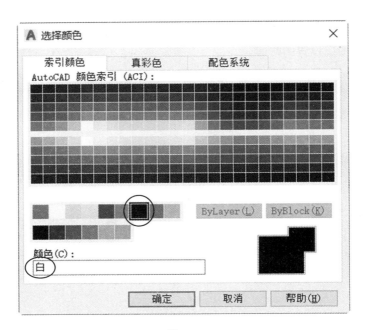

图 7-24

05 在图层特性管理器中的"过滤器"栏中创建了一个"白色图层"过滤器。如果在过滤器中选择"白色图层"选项，只显示颜色为白色的图层，如图 7-25 所示。

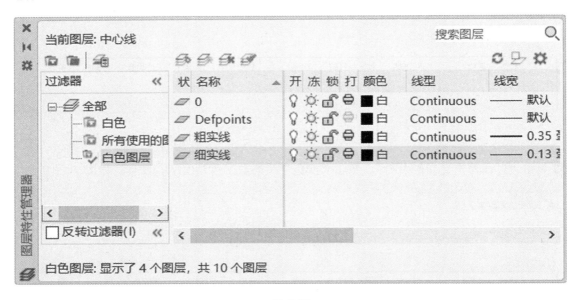

图 7-25

7.3.4 过滤图层

在 AutoCAD 中，可以通过"新组过滤器"过滤图层，具体步骤如下。

01 在图层特性管理器中单击"新组过滤器"按钮，并在对话框左侧过滤器树列表中添加一个组过滤器，并改名为"标注、剖面、虚线"，如图 7-26 所示。

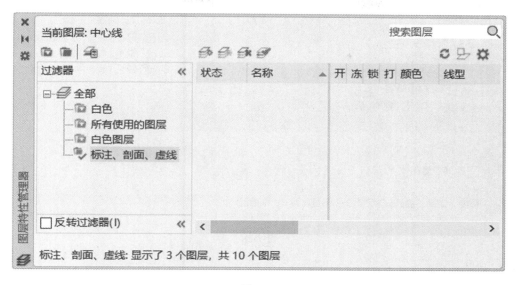

图 7-26

02 在过滤器栏中单击"全部"选项，按住标注图层并拖入"标注、剖面、虚线"组中，如图 7-27 所示。

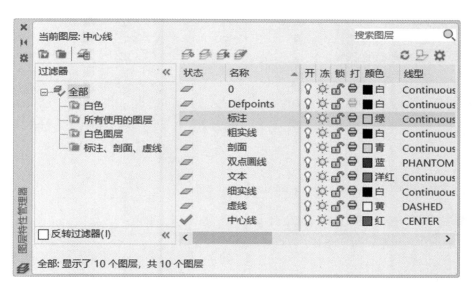

图 7-27

03 采用相同的方法，将剖面图层和虚线图层也拖入"标注、剖面、虚线"组中。

04 在过滤器栏中单击"标注、剖面、虚线"选项，在图层特性管理器中只显示"标注"图层、"剖面"图层和"虚线"图层，如图 7-28 所示。

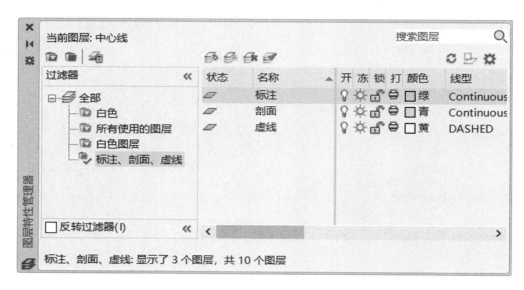

图 7-28

05 在过滤器栏中选择"反转过滤器"复选框，可以显示其他的图层，如图 7-29 所示。

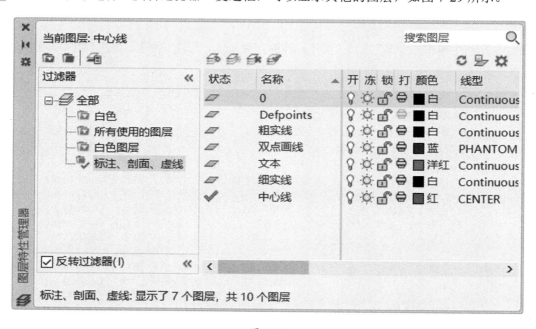

图 7-29

7.3.5 图层排序

　　AutoCAD 图层的排序方式包括升序与降序排列。用户可以按图层中的任意属性进行排序，包括状态、名称、可见性、冻结、锁定、颜色、线型、线宽等。要对图层进行排序，只需单击属性名称，即可按该属性进行排序，再次单击该属性的名称，将反向排序。例如，对图 7-9 中所创建的图层按名称进行排序，只需要单击"名称"，如图 7-30 所示。

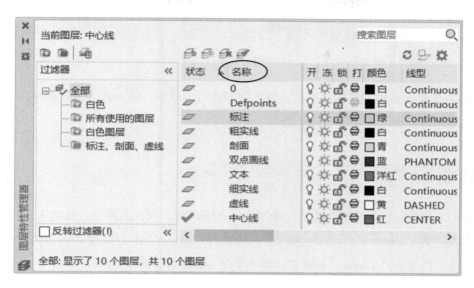

图 7-30

7.3.6　改变图层

在实际绘图中，如果绘制完某一个图形元素后，发现该元素并没有绘制在预先设置的图层上，可选中该图形元素，并在"对象特性"工具栏的图层控制下拉列表中选择预设层名，然后按 Esc 键改变对象所在的图层。

例 7-5　在粗实线图层中绘制两条直线和一个圆，如图 7-31（a）所示。现在要求将两条直线放到中心线图层中，操作步骤如下。

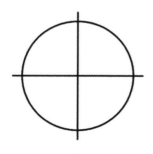

（a）改变图层前是两条粗实线

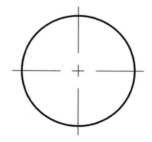

（b）改变图层后是两条细点画线

图 7-31

01 选择两条直线。

02 在"图层（L）"工具栏中选择"中心线"图层，如图 7-32 所示。

图 7-32

03 选中的两条粗实线放到粗实线图层，并且将颜色改为红色，线型改为细点画线，如图 7-31（b）所示。

7.4 作业

创建 4 个图层，分别为粗实线层：线型为 Continuous、颜色为黑色、线宽为 0.35mm；细实线层：线型为 Continuous、颜色为黑色、线宽为 0.13mm；中心线层：线型为 CENTER、颜色为红色、线宽为 0.13mm；标注层：线型为 Continuous、颜色为绿色、线宽为 0.13mm。绘制如图 7-33 所示的图形，并进行标注。

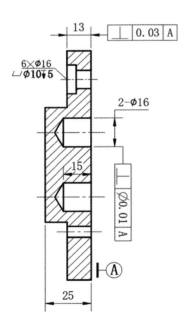
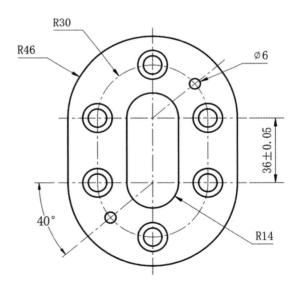

图 7-33

第8章 尺寸标注

通过本章的学习，应了解尺寸标注的规则和组成，以及标注样式管理器的使用方法，掌握创建尺寸标注的基础以及样式设置的方法，掌握各种类型尺寸标注的方法，其中包括长度型尺寸、半径、直径、圆心、角度、引线和形位公差等。另外，掌握编辑标注对象的方法。

8.1 标注基础与样式设置

AutoCAD 包含了一套完整的尺寸标注命令和实用程序，使用它们足以完成图纸中需要的尺寸标注。用户在进行尺寸标注之前，必须了解 AutoCAD 尺寸标注的组成部分，标注样式的创建和设置方法。

8.1.1 尺寸标注的规则

按照国家标准 GB/T 4458.4 — 2003《机械制图尺寸注法》，对尺寸标注作如下规定。

（1）实物的实际尺寸应以图样上所标注的尺寸数值为依据，与绘制图形时所采用的比例、图形的大小及绘图的精确度无关。

（2）零件图样中（包括技术要求和其他说明）的尺寸，以毫米（mm）为单位时，可省略单位的代号或名称，如采用其他单位，则必须注明相应单位的代号或名称，如 m、cm、inch、km 等。

（3）图样上的每一个尺寸，一般只标注一次，并且标注在反映该结构最清晰的图形上。

（4）在保证不致引起误解和不产生理解歧义的前提下，力求简化标注。

（5）图样中所标注的尺寸，为该图样所示实物的最后完工尺寸，否则应另加说明。

（6）尺寸标注常用的符号和缩写词如表 8-1 所示，举例如表 8-2 所示。

表 8-1　常用的符号和缩写词

名　称	符号和缩写词	名　称	符号和缩写词	名　称	符号和缩写词
直　径	φ	厚　度	t	沉孔或锪平	⊔
半　径	R	正方形	□	埋头孔	∨

名　　称	符号和缩写词	名　　称	符号和缩写词	名　　称	符号和缩写词
球直径	$S\varphi$	45°倒角	C	均　布	EQS
球半径	SR	深　度	↓	弧　长	⌒

表 8-2　常用的符号和缩写词举例

断面为正方形，且边长为10mm	圆球直径为10mm	45°倒角的边长为2mm	孔直径为 φ4.5mm，沉头直径为 φ8mm，深度为 3.2mm
□10	SΦ10	C2	φ4.5 ⊔φ8↓3.2
锥度为 1:3 圆锥	斜度为 1:3 的圆锥坑	薄板厚度为 2mm	孔直径为 φ4.5mm，埋头孔直径为 φ8mm，锥度为 90°
◁ 1:3	▷ 1:3	t2	φ4.5 ∨φ8×90°

8.1.2　尺寸标注的组成

在机械制图或其他工程绘图中，一个完整的尺寸标注应由标注文字、尺寸线、尺寸界线、尺寸线的端点符号及起点等组成，如图 8-1 所示。

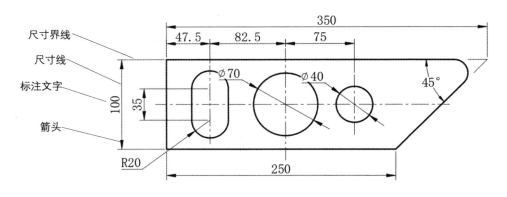

图 8-1

8.1.3　尺寸标注的类型

AutoCAD 提供了 10 多种标注，使用它们可以进行角度、直径、半径、线型、对齐、连续、圆心及基线等标注，如图 8-2 所示。

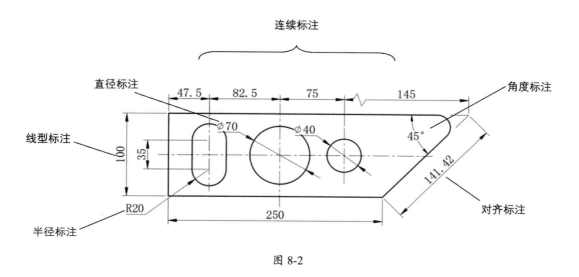

图 8-2

8.1.4　创建标注的基本步骤

在 AutoCAD 中对图形进行尺寸标注的基本步骤如下。

01 选择"格式（O）"→"图层（L）"命令，在打开的图层特性管理器中创建一个独立的图层，用于尺寸标注。

02 选择"格式（O）"→"文字样式"命令，在打开的"文字样式"对话框中创建一种文字样式，用于尺寸标注。

03 选择"格式（O）"→"标注样式"命令，在打开的"标注样式管理器"对话框中设置标注样式。

04 使用对象捕捉和标注等功能，对图形中的元素进行标注。

8.2　标注样式

选择"格式（O）"→"标注样式"命令，打开"标注样式管理器"对话框，AutoCAD 提供了 2 种标注样式，如图 8-3 所示。

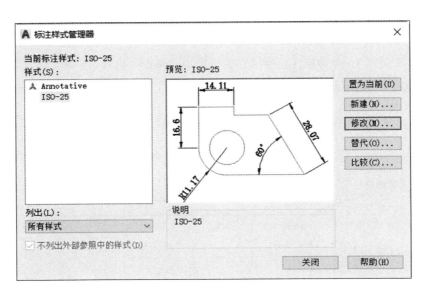

图 8-3

8.2.1　新建标注样式

　　在"标注样式管理器"对话框中，单击"新建"按钮，弹出"创建新标注样式"对话框，在"新样式名（N）"文本框中输入 user，在"基础样式"下拉列表中选择 Standard，然后单击"继续"按钮，如图 8-4 所示。

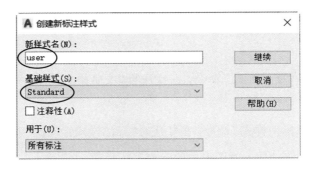

图 8-4

8.2.2　设置尺寸线和尺寸界限格式

　　在弹出的"新建标注样式"对话框中，选择"线"选项卡，其中可以设置尺寸线、尺寸界线的颜色、线型、线宽和位置等，如图 8-5 所示。

　　在"尺寸线"选项组中，将尺寸线的"颜色"设为红色，"线型"设为 Continuous，"线宽"值设为 0.13mm，"基线间距"值设为 0.2。

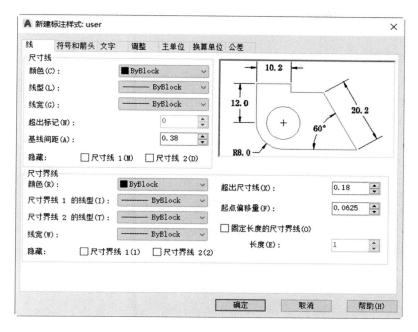

图 8-5

在"尺寸界线"选项组中,将尺寸界线的"颜色"设为绿色,尺寸界线 1 和尺寸界线 2 的线型设为 Continuous,"线宽"值设为 0.13mm,"超出尺寸线"值设为 0.2,"起点偏移量"值设为 0.1,如图 8-6 所示。

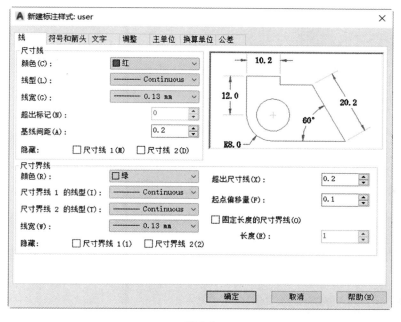

图 8-6

8.2.3 设置符号和箭头格式

在"新建标注样式"对话框中，进入"符号和箭头"选项卡可以设置箭头、圆心标记、弧长符号和半径折弯标注的格式与位置。

1.箭头

在"箭头"选项组中选择"实心闭合"选项，将"箭头大小"值设为0.2000。

提示：

如果选择"用户箭头"选项，打开"选择自定义箭头块"对话框。在"从图形块中选择"文本框内输入当前图形中已有的块名，然后单击"确定"按钮，AutoCAD将以该块作为尺寸线的箭头样式，此时块的插入基点与尺寸线的端点重合。

2.圆心标记

在"圆心标记"选项组中，选中"直线"单选按钮，将大小设为0.5000。

提示：

圆心标记有3种类型，即"无""标记"和"直线"。如果选择"标记"单选按钮，可对圆或圆弧的圆心标记十字形符号；选择"直线"单选按钮，可对圆或圆弧绘制中心线；选择"无"单选按钮，则没有任何标记。当选择"标记"或"直线"单选按钮时，可以在"大小"文本框中设置圆心标记的大小，圆心标记的3种形式如图8-7所示。

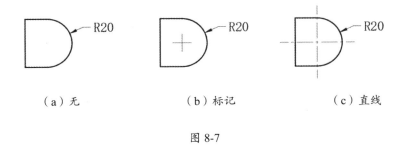

（a）无　　　　　　　　（b）标记　　　　　　　　（c）直线

图 8-7

3.弧长符号

在"弧长符号"选项组中，选中"标注文字的前缀"单选按钮，将大小设为0.5000。

提示：

在"弧长符号"选项组中，可以设置弧长符号与标注文字的位置关系，包括"标注文字的前缀""标注文字的上方"和"无"3种方式，弧长符号的3种形式如图8-8所示。

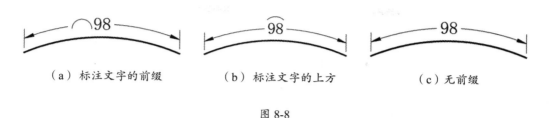

（a）标注文字的前缀　　　　（b）标注文字的上方　　　　（c）无前缀

图 8-8

4. 半径折弯标注

在"半径折弯标注"选项组中，将"折弯角度"值设为 30。

提示：

按照制图标准，尺寸线可以是折弯的，也可以是直的。在标注半径很大的圆弧时，如果没有足够的空间标注直的尺寸线，此时可以标注折弯的尺寸线，如图8-9所示。

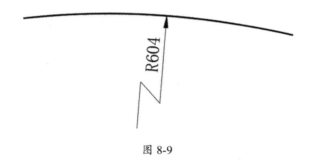

图 8-9

5. 线性折弯标注

在"线性折弯标注"选项组中，将"折弯高度因子"值设为 1.5000。

提示：

按照制图标准，尺寸线可以是折弯的，也可以是直的。在标注长度很大的直线时，如果没有足够的空间标注直的尺寸线，此时可以标注线性折弯标注，如图8-10所示。

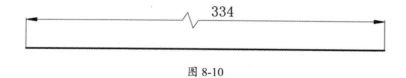

图 8-10

在"修改标注样式"对话框中，设置"符号和箭头"选项卡参数，如图8-11 所示。

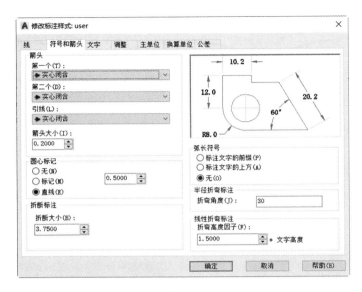

图 8-11

8.2.4 设置文字格式

在"新建标注样式"对话框中,可以使用"文字"选项卡设置标注文字的外观、位置和对齐方式。

1. 文字外观

在"文字外观"选项组中,AutoCAD 默认的字体是 txt 和 gbcbig,这两种字体呈线条状。可以对其重新进行设定,部分选项的功能说明如下。

- 文字样式:单击"文字样式"栏所对应的 … 按钮,选择宋体,将"宽度因子"值设为 1.0000,如图 8-12 所示。

图 8-12

在"文字"选项卡中，将"文字颜色"设为绿色，"填充颜色"设为洋红，"文字高度"值设为 0.2000，"垂直"设为上，"水平"设为"居中"，在"文字对齐"选项组中选中"与尺寸线对齐"单选按钮，如图 8-13 所示。

图 8-13

- 分数高度比例：设置标注文字中的分数相对于其他标注文字的比例，AutoCAD 将该比例值与标注文字高度的乘积作为分数的高度。

- 绘制文字边框：设置是否为标注文字加边框。

2. 文字位置

在"垂直"下拉列表中有 5 个选项，可以将文字设置为居中、上、外部、下、JIS，如图 8-14 所示。

- 居中：将文字放在尺寸线的中间，文字朝上及朝右，如图 8-14（a）所示。

- 上：将文字放在尺寸线的上方或左侧，文字朝上及朝右，如图 8-14（b）所示。

- 外部：将文字放在尺寸线的外侧，文字朝上及朝右，如图 8-14（c）所示。

- 下：将文字放在尺寸线的下方或右侧，文字朝上及朝右，如图 8-14（d）所示。

- JIS：是 Japan Industrial Standards 简称，即日本工业标准。如果标注在水平线的上方，则将文字放在尺寸线的外部；如果标注在水平线的下方，则将文字放在尺寸线的内部，如图 8-14（e）所示。

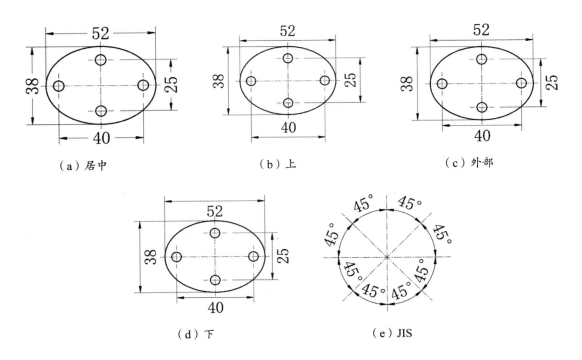

（a）居中　　　　　　　　　（b）上　　　　　　　　　（c）外部

（d）下　　　　　　　　　（e）JIS

图 8-14

在"水平"下拉列表中有 5 个选项，可以将文字设置为居中、第一条尺寸界线、第二条尺寸界线、第一条尺寸界线上方、第二条尺寸界线上方，具体效果如图 8-15 所示。

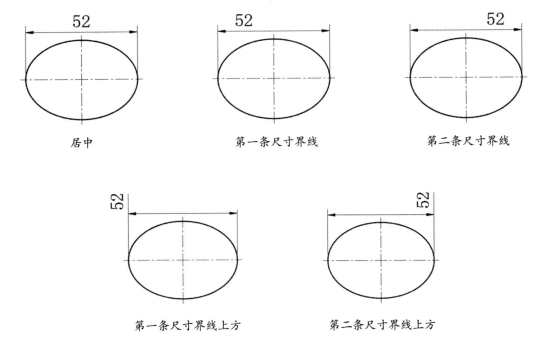

居中　　　　　　　　第一条尺寸界线　　　　　　　第二条尺寸界线

第一条尺寸界线上方　　　　　　　第二条尺寸界线上方

图 8-15

从尺寸线的偏移量：设置标注文字与尺寸线的距离，数值越大，标注文字与尺寸线的距离越大，如图 8-16 所示。

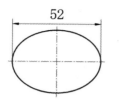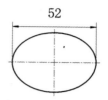

"从尺寸线的偏移量"值为 0.1 　　　　　"从尺寸线的偏移量"值为 0.2

图 8-16

3. 文字对齐

在"文字对齐"选项组中，可以设置标注文字是保持水平还是与尺寸线平行，如图 8-17 所示。

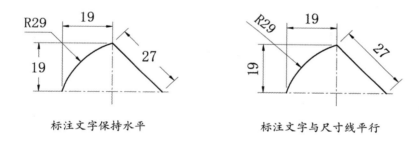

标注文字保持水平　　　　　　　　　标注文字与尺寸线平行

图 8-17

8.2.5　设置调整格式

在"新建标注样式"对话框中，可以使用"调整"选项卡中的选项设置标注文字、尺寸线、尺寸箭头的位置。

1. 调整选项

当尺寸界线之间没有足够的空间同时放置标注文字和箭头时，确定是否将文字、箭头从尺寸界线之间移出，如图 8-18 所示。

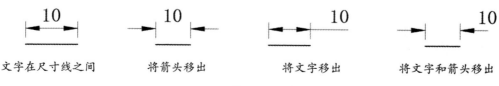

文字在尺寸线之间　　　将箭头移出　　　　　将文字移出　　　　将文字和箭头移出

图 8-18

2. 文字位置

当尺寸界线之间没有足够的空间放置标注文字时，可以设置文字与尺寸界线的位置关系，如图 8-19 所示。

放在尺寸界线旁边　　　　放在尺寸界线上方，带引线　　　　放在尺寸界线上方，不带引线

图 8-19

3. 标注特征比例

在"标注特征比例"选项组中，通过设置全局比例来改变文字和箭头的大小，如图8-20所示。

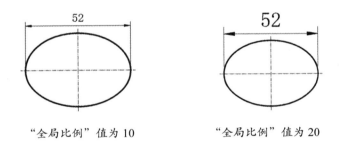

"全局比例"值为 10　　　　"全局比例"值为 20

图 8-20

4. 优化

在"优化"选项组中，可以对标注文本和尺寸线进行细微调整，该选项组包括以下两个复选框。

- 手动放置文字：选中该复选框，则忽略标注文字的水平设置，在标注时可将标注文字放置在指定的位置。
- 在尺寸界线之间绘制尺寸线：选中该复选框，当尺寸箭头放置在尺寸界线之外时，也可以在尺寸界线之内绘制出尺寸线。

8.2.6　设置主单位格式

在"修改标注样式"对话框中，可以使用"主单位"选项卡中的参数设置主单位的格式与精度等属性。

1. 线性标注

在"线性标注"选项组中可以设置线性标注的单位格式与精度，主要选项功能介绍如下。

- 单位格式：设置除角度标注之外的其余各标注类型的尺寸单位，包括"科学""小数""工程""建筑""分数"等选项。

- 精度：设置除角度标注之外的其他标注的尺寸精度。

- 分数格式：当单位格式是分数时，可以设置分数的格式，包括"水平""对角"和"非堆叠"3 种方式。

- 小数分隔符：设置小数的分隔符，包括"逗点""句点"和"空格"3 种方式。

- 舍入：用于设置除角度标注之外的尺寸测量值的舍入值。

- "前缀"和"后缀"：设置标注文字的前缀和后缀，在相应的文本框中输入数值即可。

- 测量单位比例：使用"比例因子"文本框可以设置测量尺寸的缩放比例，AutoCAD 的实际标注值为测量值与该比例的积。选中"仅应用到布局标注"复选框，可以设置该比例关系仅适用于布局。

- 消零：可以设置是否显示尺寸标注中的"前导"和"后续"的零。

2. 角度标注

在"角度标注"选项组中，可以使用"单位格式"下拉列表设置标注角度时的单位；使用"精度"下拉列表设置标注角度的尺寸精度；使用"消零"选项组设置是否消除角度尺寸的前导和后续的零。

8.2.7　设置换算单位格式

在 AutoCAD 中，通过换算标注单位，可以转换使用不同测量单位的标注。在标注文字中，换算标注单位显示在主单位旁边的方括号 [ ] 中，例如在"换算单位倍数"中输入国家单位和英制的倍率（0.03937），就会在标注文字旁的方括号 [ ] 中显示英制的大小，如图 8-21 所示。

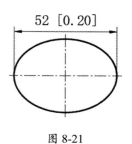

图 8-21

8.2.8 设置公差格式

在"新建标注样式"对话框中,可以在"公差"选项卡中设置是否标注公差,是标注对称公差、极限偏差、极限尺寸还是基本尺寸,以及公差的基本参数,如图 8-22 所示。

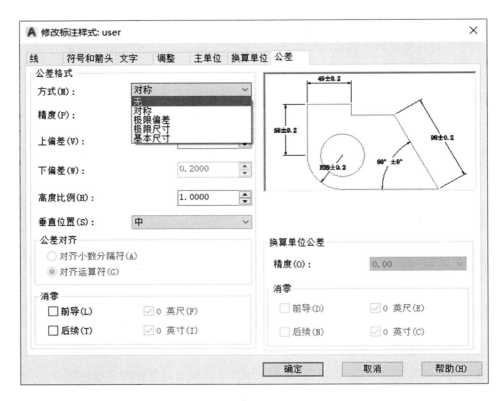

图 8-22

8.3 标注尺寸

8.3.1 线性标注

选择"标注(N)"→"线性(L)"命令,或在"标注"工具栏中单击"线性"按钮,均可创建用于标注用户坐标系 *XY* 平面中的两个点之间的水平距离或者垂直距离,如图 8-23 所示。

8.3.2 对齐标注

选择"标注(N)"→"对齐(G)"命令,或在"标注"工具栏中单击"对齐"按钮,均可标注两点之间的斜向距离，如图 8-24 所示。

8.3.3 弧长标注

选择"标注（N）"→"弧长（H）"命令，或在"标注"工具栏中单击"弧长"按钮，可标注圆弧线段或多段线圆弧线段部分的弧长，如图 8-25 所示。

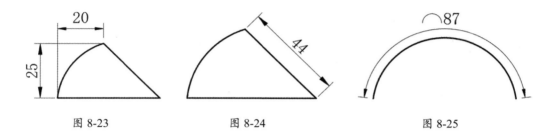

图 8-23　　　　　图 8-24　　　　　图 8-25

8.3.4 基线标注

选择"标注（N）"→"基线（B）"命令，或在"标注"工具栏中单击"基线"按钮，均可创建一系列由相同的标注原点测量出来的标注。在进行基线标注之前，必须先创建一个线性、坐标或角度标注作为基准标注，再执行基线标注命令。

例如在图 8-26 中，先创建标注为 20 基线标注，然后选择"标注（N）"→"基线（B）"命令，再选择 20 基线标注，最后选择其他基准点，将按基线标注方式标注出基线标注，直到按 Enter 键结束命令为止。

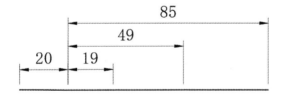
选择 20 右侧尺寸界线生成的基线标注

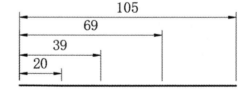
选择 20 左侧尺寸界线生成的基线标注

图 8-26

8.3.5 连续标注

选择"标注（N）"→"连续（c）"命令，或在"标注"工具栏中单击"连续"按钮，均可创建一系列端对端放置的标注，每个连续标注都从前一个标注的第二个尺寸界线处开始。

在进行连续标注之前,必须先创建一个线型、坐标或角度标注作为基准标注,以确定连续标注所需要的前一尺寸标注的尺寸界线,然后执行连续标注命令。

例如在图 8-27 中,先创建标注为 20 基线标注,然后选择"标注(N)"→"连续(C)"命令,再选择 20 基线标注,最后选择其他基准点,将按基线标注方式标注出连续标注,直到按 Enter 键结束命令为止。

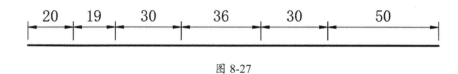

图 8-27

8.3.6 半径标注

选择"标注(N)"→"半径(R)"命令,或在"标注"工具栏中单击"半径"按钮,均可标注圆和圆弧的半径,如图 8-28 所示。

8.3.7 直径标注

选择"标注(N)"→"直径(D)"命令,或在"标注"工具栏中单击"直径标注"按钮,均可标注圆和圆弧的直径,如图 8-29 所示。

8.3.8 角度标注

选择"标注(N)"→"角度(A)"命令,或在"标注"工具栏中单击"角度"按钮,均可测量圆和圆弧的角度、两条直线间的角度,或者三点间的角度,如图 8-30 所示。

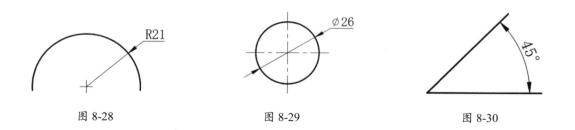

图 8-28   图 8-29   图 8-30

8.3.9 圆弧折弯标注

选择"标注(N)"→"折弯(J)"命令,或在"标注"工具栏中单击"折弯"按钮,均可用折弯尺寸线的方式标注圆和圆弧的半径。该标注方式是 AutoCAD 新增的，它与半径标注方法基本相同，但选定圆弧后，还需要指定一个位置代替圆或圆弧的圆心，如图 8-31 所示。

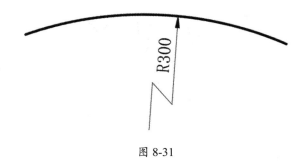

图 8-31

8.3.10　线性折弯标注

选择"标注（N）"→"折弯线性（J）"命令，或在"标注"工具栏中单击"线性折弯"按钮，均可用折弯尺寸线的方式标注长度很长的直线，如图 8-32 所示。

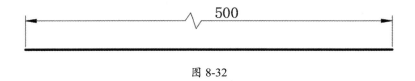

图 8-32

8.3.11　圆心标记

选择"标注（N）"→"圆心标记（M）"命令，或在"标注"工具栏中单击"圆心标记"按钮，再选择待标注圆心的圆弧或圆，均可显示圆和圆弧的圆心，如图 8-33 所示。

8.3.12　坐标标注

选择"标注（N）"→"坐标（O）"命令，或在"标注"工具栏中单击"坐标标注"按钮，均可标注相对于用户坐标原点的坐标。

8.3.13　引线标注

选择"标注（N）"→"多重引线（E）"命令，或在"标注"工具栏中单击"快速引线"按钮，均可创建引线和注释，如图 8-34 所示。

图 8-33   图 8-34

8.3.14 快速标注

先创建一组直线和圆弧，再选择"标注（N）"→"快速标注（Q）"命令，或在"标注"工具栏中单击"快速标注"按钮，然后同时选择这些直线和圆弧并右击，均可快速创建标注，如图 8-35 所示。

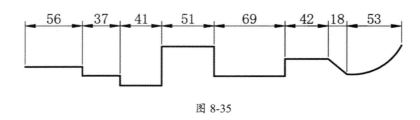

图 8-35

8.3.15 形位公差标注

任何零件都由点、线、面构成，这些点、线、面称为"要素"。机械加工后零件的实际要素相对于理想要素存在误差，包括形状误差和位置误差。构成零件几何特征的点、线、面的实际形状或相互位置与理想几何体规定的形状和相互位置存在差异，这种形状上的差异就是形状公差，而相互位置的差异就是位置公差，这些差异统称为"形位公差"。

1. 形位公差的组成

在 AutoCAD 中，可以通过特征控制框来显示形位公差信息，如图形的形状、轮廓、方向、位置和跳动的偏差等，形位公差的表示方法如图 8-36 所示。

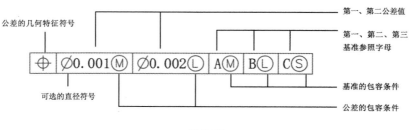

图 8-36

2. 标注形位公差

选择"标注（N）"→"公差（T）"命令，或在"标注"工具栏中单击"公差"按钮，弹出"形位公差"对话框，其中可以设置公差的符号、值及基准等参数，如图 8-37 所示。

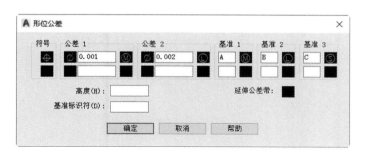

图 8-37

8.4 编辑标注对象

在 AutoCAD 中，可以对已标注对象的文字、位置及样式等内容进行修改，而不必删除所标注的尺寸对象再重新进行标注。

8.4.1 编辑标注文字

尺寸标注完成后，有时需要对尺寸标注进行编辑，以便符合绘图要求。

例 8-1 在图 8-38 中，为了表示该图形是一个圆柱，需要在标注文字前添加直径符号 φ，步骤如下：双击标注 8，再在其前面输入 %%C，单击"确定"按钮，执行效果如图 8-38（b）所示。

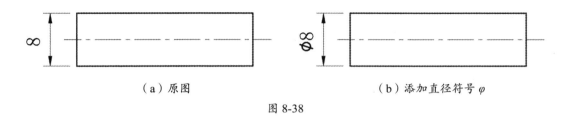

（a）原图   （b）添加直径符号 φ

图 8-38

8.4.2 编辑标注位置

选择"标注（N）"→"对齐文字（X）"子菜单中的命令，或在"标注"工具栏中单击"编辑标注文字"按钮，均可改变文字的位置。

在图 8-39 中，标注文字在尺寸线的外面，可以将标注文字放在标注线的中间。

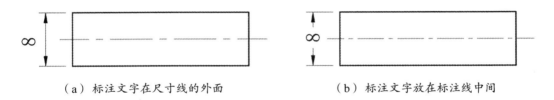

（a）标注文字在尺寸线的外面　　　　　（b）标注文字放在标注线中间

图 8-39

8.4.3　替代标注

选择"标注（N）"→"替代（V）"命令，可以临时修改尺寸标注的系统变量设置，并按该设置修改尺寸标注。该操作只对指定的尺寸对象进行修改，并且修改后不影响原系统的变量设置。

8.4.4　更新标注

选择"标注（N）"→"更新（U）"命令，或在"标注"工具栏中单击"标注更新"按钮，均可更新标注，使其采用当前的标注样式。

例 8-2　替代标注和更新标注的过程如下。

01 选择"格式（O）"→"标注样式"命令，在弹出的"标注样式管理器"对话框中选择 ISO-25 样式，并单击"置为当前"按钮，然后单击"关闭"按钮，如图 8-40 所示。

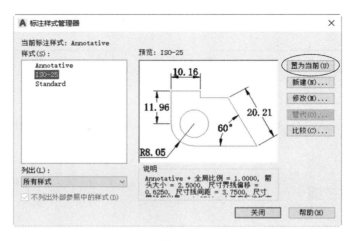

图 8-40

02 在工作区中任意绘制一条圆弧，并标注尺寸，尺寸为任意值，有两位小数，如图 8-41 所示。

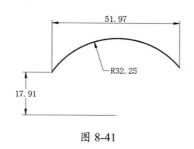

图 8-41

03 选择"格式（O）"→"标注样式"命令，在弹出的"标注样式管理器"对话框中选择 ISO-25 样式，并单击"替代"按钮，如图 8-42 所示。

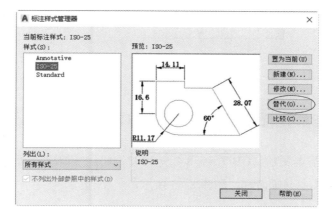

图 8-42

04 在弹出的"替代当前样式"对话框中选择"主单位"选项卡，并将"精度"值设为 0，"比例因子"值设为 2，然后单击"确定"按钮，如图 8-43 所示。

图 8-43

05 在"标注样式管理器"对话框中单击"关闭"按钮退出。

06 选择"标注（N）"→"更新（U）"命令，选择图 8-41 中的标注并右击，此时选中标注的数值自动放大一倍，同时去掉小数位，只保留整数，如图 8-44 所示。

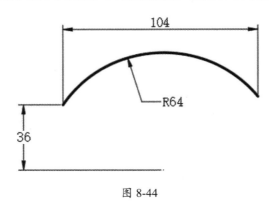

图 8-44

8.5 标注数字与其他图线干涉的解决方法

按照机械制图的基本要求（GB/T 4458.4－2003），尺寸数字不可以与任何图线重叠，当不可避免时，其他图线必须断开，如图 8-45 所示。

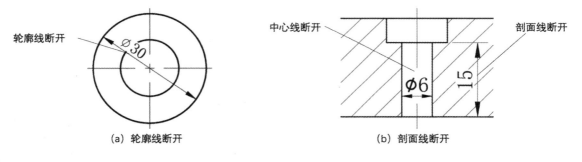

（a）轮廓线断开　　　　　　　　　　（b）剖面线断开

图 8-45

为了避免尺寸数字与剖面线发生干涉，可以采用以下 3 种方法进行标注。

（1）对于未标注，也没有创建剖面线的位置，先标注尺寸再进行填充，剖面线会自动避开标注数字。

（2）对于已创建剖面线，但还没有标注尺寸数字时，按以下步骤操作。

01 在"标注样式"对话框中，将"填充颜色"改为"背景"，如图 8-46 所示。

02 在命令栏中输入 DIMTFILL，将默认值改成 1。

03 创建标注，每个标注文字在区域的剖面线被标注数字的背景遮盖，避免干涉。

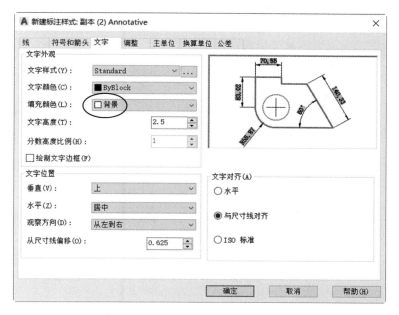

图 8-46

（3）如图 8-47 所示，对于尺寸数字和其他图线干发生干涉的现象，按以下步骤操作。

01 选择"修改（M）"→"特性（P）"命令。

02 选中标注数字，在左侧"特性"栏的"文字"选项中将"填充颜色"改为"背景"，如图 8-48 所示。

03 其他图线被标注数字的背景遮盖，避免干涉。

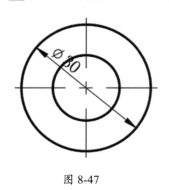

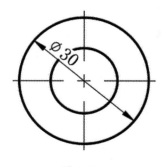

图 8-47   图 8-48   图 8-49

8.6 局部放大视图的绘制和标注

在 AutoCAD 图形设计时，经常会遇到这样的问题：零件上的一些细小结构，在图上由于图形过小而表达不清，或标注尺寸有困难，需要将过小的图形放大。对于这种情况，需要特别绘制"局部放大"视图以辅助查看。

按照机械制图的要求，不论采用何种比例，图样中所标注的尺寸数值都必须是实物的实际尺寸，与绘制图形时所采用的比例无关。在 AutoCAD 中，绘制局部放大视图的步骤如下。

01 定边界。先设置当前图层为细实线层，线型线宽随层为细实线。启动画圆或矩形命令，在原图中绘制圆或矩形框，以示放大区域，一般以罗马数字Ⅰ和Ⅱ等进行区分，如图 8-50 所示。

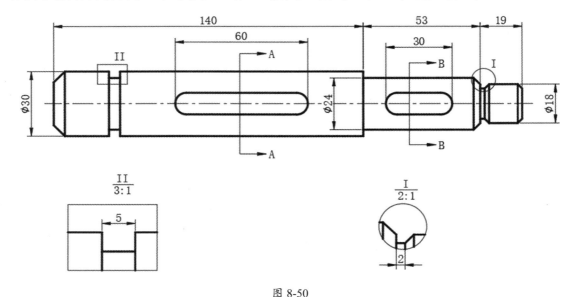

图 8-50

02 复制。选中圆内或矩形框内所有图素，复制到空白区域，将边界外的对象全部修剪掉，如图 8-51 所示。

03 将修剪后的图形Ⅰ放大到原来的 2 倍，图形Ⅱ放大到原来的 3 倍，并标注尺寸，如图 8-51 所示。

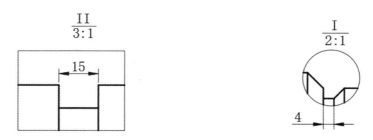

图 8-51

04 修改标注。选择"修改（M）"→"特性（P）"命令，选择放大视图Ⅰ中的所有标注，在左侧特性栏中的主单位区域中，将"标注线性比例"值改为 0.5，如图 8-52 所示。

图 8-52

05 视图 I 的尺寸标注变为实际尺寸。

06 采用相同的方法,将视图 II 的尺寸缩小到原来的 1/3,如图 8-53 所示。

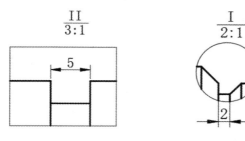

图 8-53

8.7 作业

1. 绘制如图 8-54 所示的图形,并标注尺寸和形位公差,并将粗实线、细实线、标注、中心线进行分层。其中∠、T、√等符号,用线条画出来。

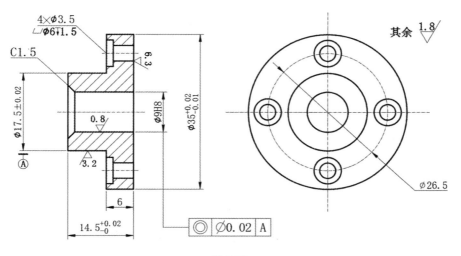

图 8-54

2. 绘制如图 8-55 所示的图形并标注尺寸，注意尺寸数字不可以与任何图线重叠。

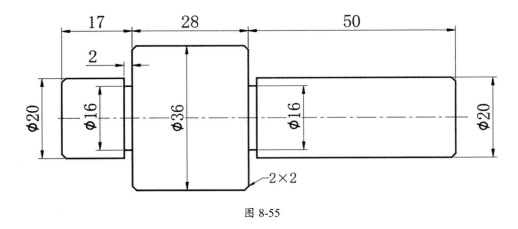

图 8-55

第 *9* 章　文字

通过本章的学习，应掌握创建文字样式，包括设置样式名、字体、文字效果，创建与编辑单行文字和多行文字方法，使用文字控制符和"文字格式"工具栏编辑文字并掌握罗马数字的输入方法。

9.1　创建文字样式

文字样式包括"字体""字型""高度""宽度系数""倾斜角""反向""倒置"以及"垂直"等。在创建文字注释和尺寸标注时，AutoCAD 通常使用当前的文字样式，也可以根据具体要求重新设置文字样式或创建新的样式。

01 选择"格式（O）"→"文字样式"命令，打开"文字样式"对话框，默认文字样式为 Standard，如图 9-1 所示。

图 9-1

02 单击"新建"按钮，打开"新建文字样式"对话框，在"样式名"文本框中输入"自己的文字样式"，如图 9-2 所示。

图 9-2

03 单击"确定"按钮，在"样式"列表中显示了"自己的文字样式"，如图 9-3 所示。

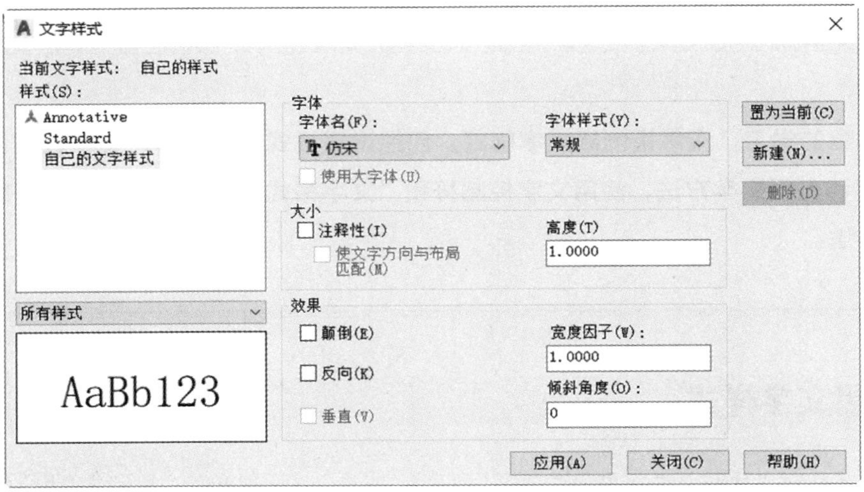

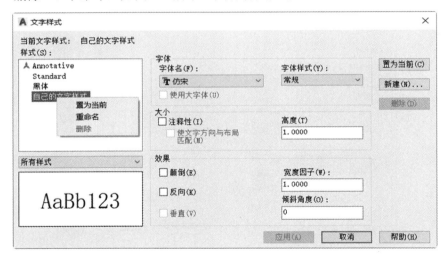

图 9-3

04 在"样式"列表中选择"自己的文字样式"并右击，在弹出的快捷菜单中有"置为当前""重命名"和"删除"3 个命令，如图 9-4 所示，具体含义如下。

图 9-4

- 置为当前：选择该命令，可以将选中的样式设为当前样式。

- 重命名：选择该命令，打开"重命名文字样式"对话框，可在"样式名"文本框中输入新的名称，但无法重命名默认的 Standard 样式。

- 删除：选择该命令，可以删除某一文字样式，但无法删除已经使用的文字样式和默认的 Standard 样式。

9.2　设置字体

在图 9-3 中，将"字体名"设为"仿宋"，在"字体样式"下拉列表中选择"常规"，将"高度"值设为 1.0000，"宽度因子"值设为 1.0000。

在"文字样式"对话框中，"字体"选项组用于设置字体和字高等属性。其中，"字体名"下拉列表用于选择字体；"字体样式"下拉列表用于选择字体格式，如斜体、粗体和常规字体等；"高度"文本框用于设置文字的高度。如果将文字的高度设为 0，在使用 TEXT 命令标注文字时，命令行将显示"指定高度 :"提示，要求指定文字的高度。如果在"高度"文本框中输入了文字高度，AutoCAD 将按此高度标注文字，而不再提示指定高度。

AutoCAD 提供了符合标注要求的字体文件：gbenor.shx、gbeitc.shx 和 gbcbig.shx。其中 gbenor.shx 和 gbeitc.shx 文件分别用于标注直体和斜体字母与数字，gbcbig.shx 则用于标注中文。

9.3　设置文字效果

在"文字样式"对话框中，使用"效果"选项组中的选项可以设置文字的颠倒、反向、垂直等显示效果，如图 9-5 所示。在"宽度比例"文本框中可以设置文字字符的高度和宽度之比，当"宽度比例"值为 1 时，将按系统定义的高宽比书写文字；当"宽度比例"值小于 1 时，字符会变窄；当"宽度比例"值大于 1 时，字符则变宽。在"倾斜角度"文本框中可以设置文字的倾斜角度，角度为 0 时，文字不倾斜；角度为正值时，文字向右倾斜；角度为负值时，文字向左倾斜。

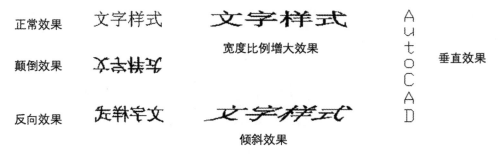

图 9-5

在"文字样式"对话框的"所有样式"框中，可以预览所选择或所设置的文字样式效果。

设置完文字样式后，单击"应用"按钮即可应用文字样式。单击"关闭"按钮，关闭"文字样式"对话框。

9.4 创建单行文字

在 AutoCAD 中，"文字"工具栏中的工具可以创建和编辑文字。对于单行文字来说，每一行都是一个文字对象，选择"绘图（D）"→"文字（X）"→"单行文字（S）"命令，或在"文字"工具栏中单击"单行文字"按钮，也可以在命令栏中输入 text，都可以创建单行文字对象。

1. 指定文字的起点和高度等

在命令栏中输入 text 后，系统提示"指定文字的起点或 [对正（J）/ 样式（S）]:"，默认情况下，文字的起点为"左（L）"。如果当前文字样式的高度设置为0，系统将显示"指定高度:"提示信息，要求指定文字的高度，如果当前文字样式的高度设置不为0，则不显示该提示信息。然后系统显示"指定文字的旋转角度 <0>:"提示信息，要求指定文字的旋转角度。文字旋转角度是指文字行排列方向与水平线的夹角，默认角度为 0。输入文字旋转角度，或按 Enter 键使用默认角度 0，最后输入文字即可。

2. 设置对正方式

在"指定文字的起点或 [对正（J）/ 样式（S）]:"提示信息后输入 J，可以设置文字的排列方式，此时命令行显示如下提示信息。

输入对正选项 [左（L）/ 对齐（A）/ 调整（F）/ 中心（C）/ 中间（M）/ 右（R）/ 左上（TL）/ 中上（TC）/ 右上（TR）/ 左中（ML）/ 正中（MC）/ 右中（MR）/ 左下（BL）/ 中下（BC）/ 右下（BR）]< 左上（TL）>:

在 AutoCAD 中，系统为文字提供了 13 种对正方式，如图 9-6 所示。

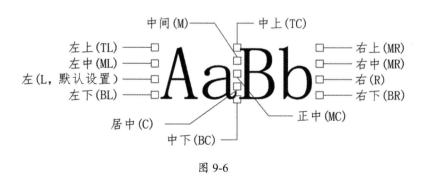

图 9-6

例 9-1 先绘制一个直径为 4mm 的圆，再用 TEXT 命令输入 1234，字高设为 1。

命令：C✓
指定圆的圆心或 [三点（3P）/ 两点（2P）/ 切点、切点、半径（T）]:10,10 ✓
指定圆的半径或 [直径（D）] <2.0000>: D ✓
指定圆的直径 <4.0000>: 4 ✓
命令：TEXT ✓
指定文字的中间点 或 [对正（J）/ 样式（S）]: J ✓
输入选项 [左（L）/ 居中（C）/ 右（R）/ 对齐（A）/ 中间（M）/ 布满（F）/ 左上（TL）/ 中上（TC）
/ 右上（TR）/ 左中（ML）/ 正中（MC）/ 右中（MR）/ 左下（BL）/ 中下（BC）/ 右下（BR）]: TC ✓
指定文字的中上点：选择圆心
指定高度 <1.0000>: ✓
指定文字的旋转角度 <0>: ✓

输入"1234"，效果如图 9-7（a）所示。

采用相同的方法，用中间、正中、居中、中下的对正方式输入 1234，如图 9-7（b）～（e）所示。

（a）中上　　　　（b）中间　　　　（c）正中　　　　（d）居中　　　　（e）中下

图 9-7

3. 设置当前文字样式

在"指定文字的起点或 [对正（J）/ 样式（S）]:"提示下输入 S，可以设置当前使用的文字样式。选择该选项时，命令行显示如下提示信息。

输入样式名或 [?] <Mytext>:

可以直接输入文字样式的名称，也可输入"?"，在命令栏中显示当前图形已有的文字样式，如图 9-8 所示。

```
×  当前文字样式: Standard
🔧  当前文字样式: "Standard"   文字高度: 1.0000   注释性: 否  对正: 左
    指定文字的起点 或 [对正(J)/样式(S)]: s
    输入样式名或 [?] <Standard>: ?
    输入要列出的文字样式 <*>:
    文字样式:
    样式名: "Annotative"  字体: 宋体
       高度: 0.0000   宽度因子: 1.0000   倾斜角度: 0
       生成方式: 常规
    样式名: "Standard"     字体: 宋体
       高度: 0.0000   宽度因子: 1.0000   倾斜角度: 0
       生成方式: 常规
    样式名: "黑体"          字体: 黑体
       高度: 0.0000   宽度因子: 1.0000   倾斜角度: 0
       生成方式: 常规
    样式名: "自己的文字样式"    字体: 仿宋
       高度: 1.0000   宽度因子: 1.0000   倾斜角度: 0
       生成方式: 常规
    当前文字样式: Standard
```

图 9-8

例 9-2 用文字样式为 Standard，对正方式为"布满"，文字高度为 1mm，在 4mm×2mm 的矩形框中输入 0123456789 文字。

```
命令: TEXT ↙
指定文字基线的第一个端点 或 [对正（J）/样式（S）]: S ↙
输入样式名或 [?] <Annotative>: Standard ↙              //选择 Standard 样式
指定文字基线的第一个端点 或 [对正（J）/样式（S）]:J ↙
输入选项 [左（L）/居中（C）/右（R）/对齐（A）/中间（M）/布满（F）/左上（TL）/中上（TC）
/右上（TR）/左中（ML）/正中（MC）/右中（MR）/左下（BL）/中下（BC）/右下（BR）]:F ↙
指定文字基线的第一个端点：选择矩形左下角的顶点
指定文字基线的第二个端点：选择矩形右下角的顶点
指定高度 <1.0000>: 1.5 ↙
```

输入 0123456789 后，执行效果如图 9-9 所示。

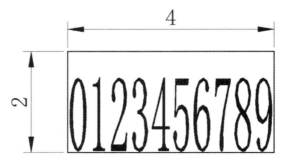

图 9-9

例9-3　用文字样式为Annotative,对正方式为"左",文字高度为2mm,输入"我爱我的家乡"。

```
TEXT ↙
指定文字的起点 或 [对正 (J) / 样式 (S)]: S↙
输入样式名或 [?] <Standard>: Annotative ↙
指定文字的起点 或 [对正 (J) / 样式 (S)]: J↙
输入选项 [左 (L) / 居中 (C) / 右 (R) / 对齐 (A) / 中间 (M) / 布满 (F) / 左上 (TL) / 中上 (TC)
/ 右上 (TR) / 左中 (ML) / 正中 (MC) / 右中 (MR) / 左下 (BL) / 中下 (BC) / 右下 (BR)]: L↙
指定文字的起点 : 选中文字的起点
指定图纸高度 <1.0000>:2 ↙
指定文字的旋转角度 <0>: ↙
```

输入文字后,执行效果如图 9-10 所示。

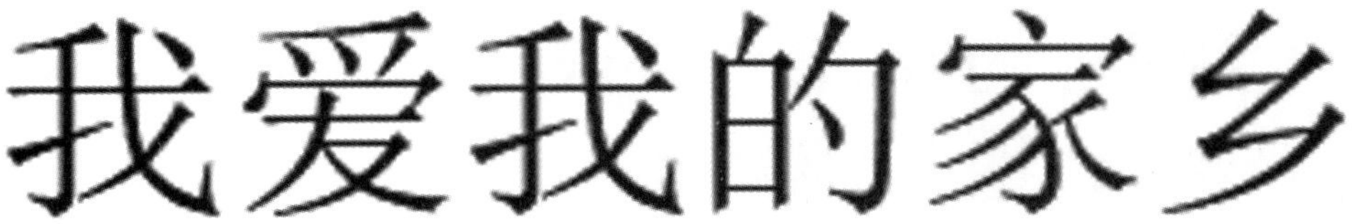

我爱我的家乡

图 9-10

9.5　创建多行文字

"多行文字"又称为段落文字,是一种更易于管理的文字对象,其由两行以上的文字组成,而且各行文字都是作为一个整体处理的。选择"绘图(D)"→"文字(X)"→"多行文字(M)"命令,或在"绘图"工具栏中单击"多行文字"按钮,然后在绘图窗口中指定一个用来放置多行文字的矩形区域,此时打开"文字格式"工具栏和文字输入窗口,利用它们可以设置多行文字的样式、字体及大小等属性。

1. 使用"文字格式"工具栏

使用"文字格式"工具栏,可以设置文字样式、文字字体、文字高度、加粗、倾斜或加下画线效果。

例9-4　用多行文字方式输入"我爱我的家乡,我的家乡非常美丽",要求字高为2,加粗、斜体、带下画线,步骤如下。

```
命令: MTEXT ↙
指定第一角点 : 选择第一点
指定对角点或 [高度 (H) / 对正 (J) / 行距 (L) / 旋转 (R) / 样式 (S) / 宽度 (W) / 栏 (C)]:
```

选择第二点

输入"我爱我的家乡，我的家乡非常美丽"

01 如果选择的第一点和第二点的水平距离近，所输入的文字有可能是两行，如图 9-11 所示。

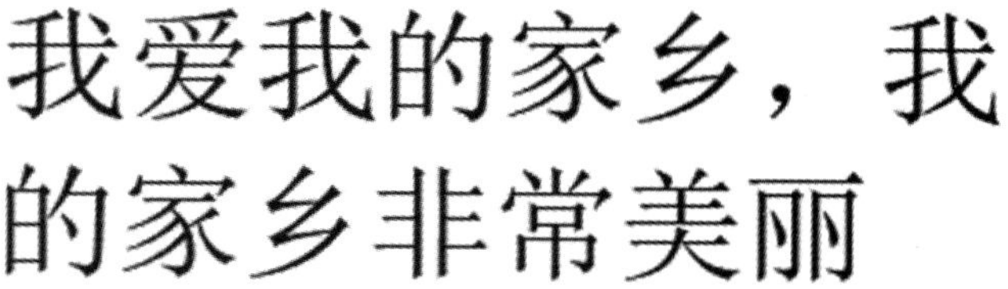

我爱我的家乡，我
的家乡非常美丽

图 9-11

02 单击输入的文字，向右拖动右上角的箭头，如图 9-12 所示。

我爱我的家乡，我
的家乡非常美丽

右上角的箭头

图 9-12

03 直到文字为一行为止，如图 9-13 所示。

我爱我的家乡，我的家乡非常美丽

图 9-13

04 双击输入的文字，在"文件格式"对话框的"高度"文本框中输入 2，单击 B、*I*、U 按钮，如图 9-14 所示。

图 9-14

05 输入的文字变为如图 9-15 所示的状态。

我爱我的家乡，我的家乡非常美丽

图 9-15

例 9-5　用多行文字方式输入公差字符，如图 9-16 所示。

$$9.5^{+0.02}_{-0.03}$$

图 9-16

命令：MTEXT ↙

指定第一角点：选择第一点

指定对角点或 [高度（H）/ 对正（J）/ 行距（L）/ 旋转（R）/ 样式（S）/ 宽度（W）/ 栏（C）]：选择第二点

输入 9.5+0.02^-0.03

01 选中 +0.02 ^-0.03，如图 9-17 所示。

$$9.5+0.02^{\wedge}-0.03$$

图 9-17

02 在"文件格式"对话框中单击"堆叠"按钮，如图 9-18 所示。

图 9-18

03 执行效果如图 9-16 所示。

例 9-6　用多行文字方式输入分数，如图 9-19 所示。

$$\frac{971}{1000}$$

图 9-19

命令：MTEXT ↙

指定第一角点：选择第一点

指定对角点或 ［高度（H）/对正（J）/行距（L）/旋转（R）/样式（S）/宽度（W）/栏（C）］：
选择第二点
　　输入 971/1000

01 选中 971/1000，如图 9-20 所示。

图 9-20

02 在"文件格式"对话框中单击"堆叠"按钮，如图 9-18 所示。

9.6　特殊字符的输入方法

　　在用 AutoCAD 绘图时，经常需要输入罗马数字、希腊字符，如Ⅰ、Ⅱ、Ⅲ、α、β、γ 等，可以用以下方法输入这些特殊的字符。例如输入罗马字符Ⅰ，按如下步骤操作。

01 在命令栏中输入 MTEXT。

02 在弹出的"文字格式"框中单击 @ 按钮，在弹出的菜单中选择"其他"选项，如图 9-21 所示。

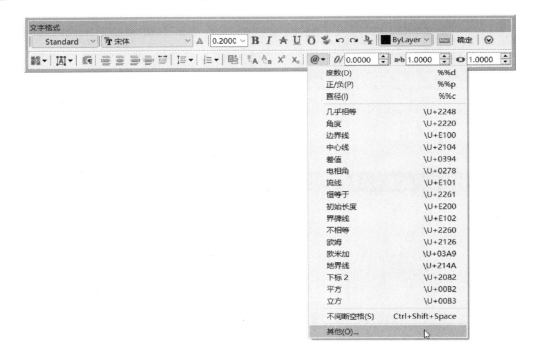

图 9-21

03 在弹出的"字符映射表"对话框的"字体"下拉列表中选择"宋体"选项，在字符表中找到罗马字符Ⅰ，如图 9-22 所示。

图 9-22

04 单击"选择"按钮，再单击"复制"按钮，即可输入罗马字符Ⅰ。

第 *10* 章　表格

通过本章的学习，应掌握设置表格样式，包括设置数据、列标题和标题样式，创建表格的方法，以及如何编辑表格和表格单元。

在以前的 AutoCAD 版本中，一般会采用绘制图线的方法绘制表格，这样的操作过程烦琐且复杂，不利于提高绘图效率。自从 AutoCAD 2005 增加了"表格"绘图功能，创建表格就变得非常容易了，可以直接插入设置好样式的表格。同时，随着软件版本的不断升级，表格功能也在精益求精、日趋完善。

10.1　新建表格样式

在 AutoCAD 中，表格样式命令为 TABLESTY，缩写为 TS，在命令行输入该命令后，再按 Enter 键确认，或者选择"格式（O）"→"表格样式（B）"命令，创建表格样式。

01 选择"格式（O）"→"表格样式（B）"命令，在弹出的"表格样式"对话框中单击"新建"按钮，在弹出的"创建新的表格样式"对话框的"新样式名"文本框中输入"我的表格"，在"基础样式"下拉列表中选择默认的表格样式——Standard，如图 10-1 所示。

图 10-1

02 单击"继续"按钮，弹出"新建表格样式：我的表格"对话框，在"单元样式"下拉列表中选择"标题"选项，选择"常规"选项卡，在"填充颜色"下拉列表中选择"红"选项，在"对齐"下拉列表中选择"正中"选项，在"格式（O）"下拉列表中选择"文字"选项，在"类型"下拉列表中选择"标签"选项，将"水平"值设为 1.5，"垂直"值设为 1.5，如图 10-2 所示。

03 选择"文字"选项卡，在"文字样式"下拉列表中选择 Standard 选项，在"文字高度"文本框中输入 6，在"文字颜色"下拉列表中选择 ByLayer 选项，在"文字角度"文本框中输入 0，如图 10-3 所示。

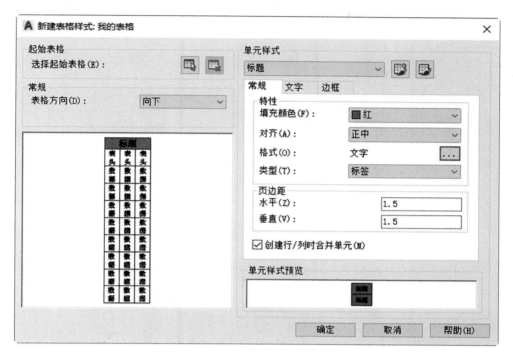

图 10-2

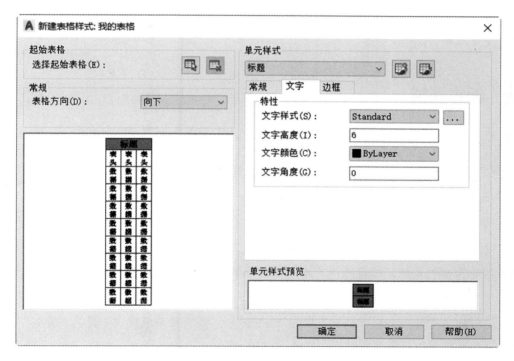

图 10-3

04 选择"边框"选项卡，在"线宽"下拉列表中选择0.35mm选项，在"线型"下拉列表中选择ByLayer选项，在"颜色"下拉列表中选择ByLayer选项，如图10-4所示。

图10-4

05 在"新建表格样式"对话框的"单元样式"下拉列表中选择"表头"选项，按上述的方法设置"常规""文字"和"边框"。

06 在"新建表格样式"对话框的"单元样式"下拉列表中选择"数据"选项，按上述的方法设置"常规""文字"和"边框"。

10.2 创建表格

在创建表格样式后，即可按样式创建表格，具体步骤如下。

01 选择"绘图（D）"→"表格"命令，打开"插入表格"对话框。在"表格样式"下拉列表中选择"我的表格"选项。

02 在"插入选项"选项组中，选中"从空表格开始"单选按钮。

03 在"插入方式"选项组中，选中"指定插入点"单选按钮（提示：可以在绘图窗口中的某点插入固定大小的表格，如果选中"指定窗口"单选按钮，可以在绘图窗口中通过拖动表格边框来创建任意大小的表格）。将"列数"设为5，"列宽"设为30，"数据行数"设为6，"行高"设为1，"第一行单元样式"设为"标题"，"第二行单元样式"设为"表头"，"所有其他行单元样式"设为"数据"，如图10-5所示。

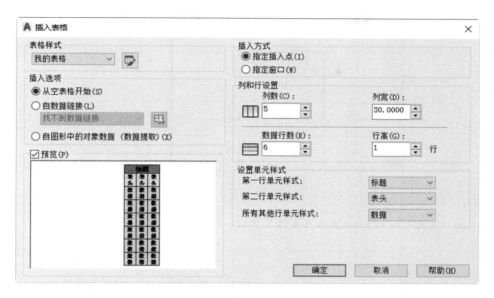

图 10-5

04 单击"确定"按钮，创建一个表格，其中第一行是标题栏，第二行是表头栏，从第三行开始到结尾是数据栏，如图 10-6 所示。

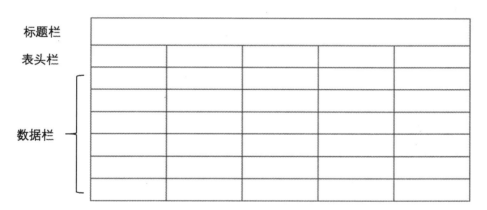

图 10-6

10.3　编辑表格单元

按下列步骤对所创建的表格进行编辑。

01 按住 Shift 键，选择多个单元格，如图 10-7 粗线所示。

提示：

单元格周围出现的4个小方块称为"夹点"。

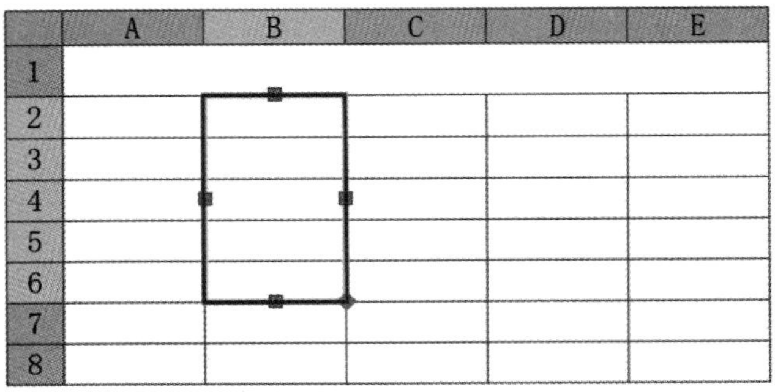
A
B
C
D
E
1
2
3
4
5
6
7
8

图 10-7

02 在弹出的“表格”工具栏中单击“合并”按钮，如图 10-8 所示。

表格
无
按行/列

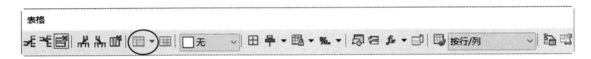

图 10-8

03 选中的单元格合并成一个单元格，如图 10-9 所示。

04 采用相同的方法，将另外两个单元格合并成一个单元格，如图 10-9 所示。

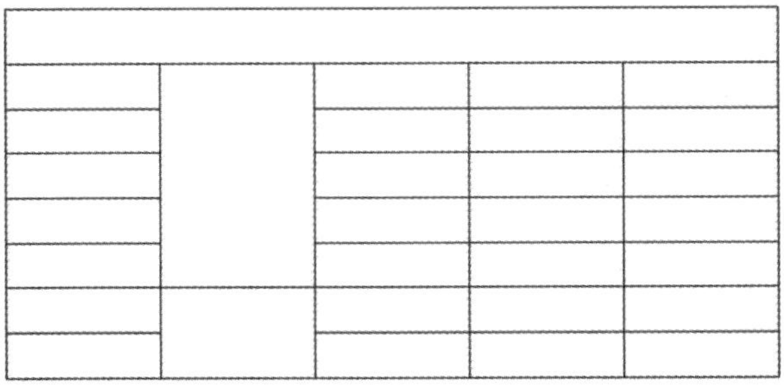

图 10-9

05 输入文本，如图 10-10 所示。

台虎钳明细表				
序号	分类	零件名称	数量	材质
1	普通件	码铁	2	45#
2		垫块	2	45#
3		推板	1	45#
4		底座	1	铸铁
5	标准件	螺杆	1	40Cr
6		螺钉	4	40Cr

图 10-10

06 在左上角按住鼠标并拖动，选择全部单元格。

07 在"表格"工具栏中选择"正中"选项，如图 10-11 所示。

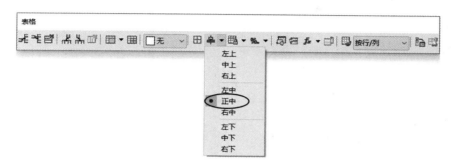

图 10-11

08 将所有的文本调整到单元格的正中位置，如图 10-12 所示。

台虎钳明细表				
序号	分类	零件名称	数量	材质
1		码铁	2	45#
2	普通件	垫块	2	45#
3		推板	1	45#
4		底座	1	铸铁
5	标准件	螺杆	1	40Cr
6		螺钉	4	40Cr

图 10-12

09 选择"材质"所在的单元格，再在"表格"工具栏中单击"在右侧插入列"按钮，如图 10-13 所示。

图 10-13

10 在表格的右侧插入空白列，如图 10-14 所示。

台虎钳明细表					
序号	分类	零件名称	数量	材质	
1		码铁	2	45#	
2	普通件	垫块	2	45#	
3		推板	1	45#	
4		底座	1	铸铁	
5	标准件	螺杆	1	40Cr	
6		螺钉	4	40Cr	

图 10-14

11 按住 Shift 键，选择右侧的 6 个数据单元格并右击，在弹出的快捷菜单中选择"数据格式"命令，如图 10-15 粗线所示。

	A	B	C	D	E	F
1			台虎钳明细表			
2	序号	分类	零件名称	数量	材质	
3	1	普通件	码铁	2	45#	
4	2		垫块	2	45#	
5	3		推板	1	45#	
6	4		底座	1	铸铁	
7	5	标准件	螺杆	1	40Cr	
8	6		螺钉	4	40Cr	

快捷菜单：最近的输入 ＞ / 单元样式 ＞ / 背景填充 / 对齐 ＞ / 边框... / 锁定 ＞ / **数据格式...** / 匹配单元 / 删除所有特性替代

图 10-15

12 弹出"表格单元格式"对话框，在"数据类型"列表框中选择"小数"选项，在"格式（F）"列表框中选择"小数"选项，在"精度"下拉列表中选择 0.00 选项，如图 10-16 所示。

13 单击"确定"按钮，退出"表格单元格式"对话框。

14 在表格中输入各个零件的单价，如图 10-17 所示。

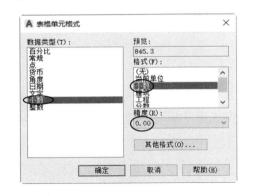

图 10-16

台虎钳明细表					
序号	分类	零件名称	数量	材质	单价
1	普通件	码铁	2	45#	2.15
2		垫块	2	45#	1.63
3		推板	1	45#	10.52
4		底座	1	铸铁	21.55
5	标准件	螺杆	1	40Cr	5.56
6		螺钉	4	40Cr	0.38

图 10-17

15 选中"序号"所在的单元格，拖动夹点，使"序号"所在列变窄，如图 10-18 所示。

台虎钳明细表					
序号	分类	零件名称	数量	材质	单价
1	普通件	码铁	2	45#	2.15
2		垫块	2	45#	1.63
3		推板	1	45#	10.52
4		底座	1	铸铁	21.55
5	标准件	螺杆	1	40Cr	5.56
6		螺钉	4	40Cr	0.38

图 10-18

16 按照上面的方法，再在右侧添加一列，并在表头中注明"总价"，如图 10-19 所示。

图 10-19

17 在右上角的单元格中输入 =D3*F3，如图 10-20 所示。

18 单击"确定"按钮后，即可自动算出总价，如图 10-21 所示。

图 10-20

图 10-21

注意：列号用 A、B、C…表示，因此，第一列称为 A 列，第二列称为 B 列，以此类推，行号用 1、2、3…表示，第一行称为第 1 行，第二行称为第 2 行，以此类推，在如图 10-21 所示中，"数量"所在的单元格为 D2，"码铁"所在的单元格为 C3。

10.4　课堂练习

创建如图 10-22 所示的表格。

图 10-22

01 选择"绘图（D）"→"表格"命令，打开"插入表格"对话框。在"表格样式"下拉列表中选择 Standard 样式。

02 在"插入选项"选项组中，选中"从空表格开始"单选按钮。

03 在"插入方式"选项组中，选中"指定插入点"单选按钮（提示：可以在绘图窗口中的某点插入固定大小的表格，如果选中"指定窗口"单选按钮，可以在绘图窗口中通过拖动表格边框来创建任意大小的表格）。将"列数"设为11，"列宽"设为20，"数据行数"设为5，"行高"设为1，"第一行单元样式"设为"数据"，"第二行单元样式"设为"数据"，"所有其他单元样式"设为"数据"，如图10-23所示。

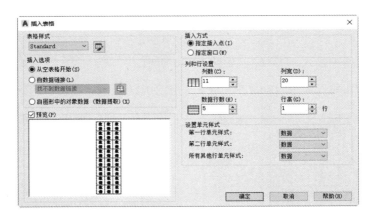

图 10-23

04 单击"确定"按钮，创建一个11列、7行的空白表格，如图10-24所示。

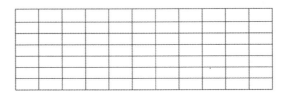

图 10-24

提示：

在图10-20中，数据行数设为5，再加上将第一行的标题栏和第二行的表头栏格式也设为数据，所以该表格共有7行。

05 余下的部分自行完成。

10.5 插入 Excel 表格

在利用 AutoCAD 绘图时，往往需要插入材料明细表或各种其他表格，有些表格甚至很复杂，如果在 AutoCAD 中编辑会很麻烦，效率也很低。如果将这些表格在 Excel 中编辑好，然后插入 AutoCAD 文档，这样就能大幅提高工作效率。下面详细介绍在 AutoCAD 中插入 Excel 表格的过程。

01 先在 Excel 中创建一个表格并保存，如图 10-25 所示。

	A	B	C	D	E	F	G	H	I
1	序号	姓名	语文	数学	英语	物理	化学	总分	平均分
2	1	张三	80	70	88	92	87	417	83.4
3	2	李四	75	83	87	85	79	409	81.8
4	3	王五	90	88	85	82	78	423	84.6
5	4	赵六	70	78	82	84	88	402	80.4

图 10-25

02 选择"绘图（D）"→"表格"命令，在"插入表格"对话框中选中"自数据链接"单选按钮，并单击"启动数据链接管理器对话框"按钮，如图 10-26 所示。

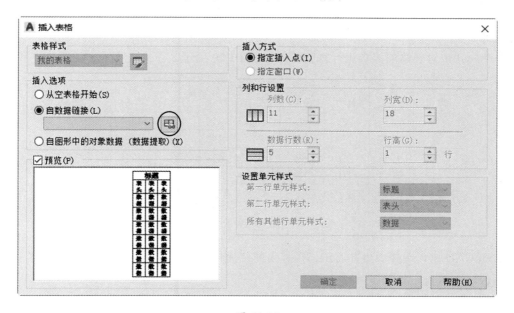

图 10-26

03 在弹出的"选择数据链接"对话框中选择"创建新的 Excel 数据链接"选项，如图 10-27 所示。

图 10-27

04 在"输入数据链接名称"对话框的"名称"文本框中输入一串字符，作为 AutoCAD 中表格的名称，如图 10-28 所示。

图 10-28

05 单击"确定"按钮，并找到刚才创建的 Excel 表格。

06 单击 3 次"确定"按钮，将表格插入 CAD 文档。

07 当在 Excel 中对表格的内容进行修改时，如图 10-29 所示。

	A	B	C	D	E	F	G	H	I
1	序号	姓名	语文	数学	英语	物理	化学	总分	平均分
2	1	张三	80	70	88	92	87	417	83.4
3	2	李四	75	83	87	85	79	409	81.8
4	3	王五	90	88	85	82	78	423	84.6
5	4	赵六	70	78	82	84	88	402	80.4
6	单科平均分		78.75	79.75	85.5	85.8	83		

图 10-29

08 在 AutoCAD 中，选择表格并右击，在弹出的快捷菜单中选择"更新表格数据链接"命令，AutoCAD 中的表格也会相应更新。

10.6 作业

在 Excel 中做出如图 10-30 所示的表格，并导入 AutoCAD 文档。

	A	B	C	D	E	F	G	H	I	J	K	L
1							图号: 123456					
2												
3							图样标记				重量	比例
4												
5	标记	处数	更改文件号	签字	日期							
6	设计		张三	2020/12/1			共 页				第 页	
7	校对		李四	2020/12/1								
8	审核		王五	2020/12/1			×××机械有限公司					
9	批准		赵六	2020/12/1								

图 10-30

第 *11* 章 使用块和属性块

通过本章的学习，可以掌握创建与编辑块、编辑和管理属性块的方法。

11.1 创建块

块是一个或多个对象的集合，常用于绘制复杂、重复的图形。一旦一组对象组合成块，就可以根据绘图需要将这组对象插入图中任意指定位置，而且还可以按不同的比例和角度插入。在 AutoCAD 中，使用块可以提高绘图速度、节省存储空间、便于图形修改。

在绘制图形时，如果图形中有大量相同或相似的内容（如螺钉、螺母等），或者所绘制的图形与已有的图形文件相同，则可以将要重复绘制的图形创建成块（也称为图块），并根据需要为块创建属性，指定块的名称、用途及设计者等信息，在需要时直接插入它们，从而提高绘图效率。

当然，用户也可以将已有的图形文件以参照的形式插入当前图形中（即外部参照），或者通过 AutoCAD 设计中心浏览、查找、预览、使用和管理 AutoCAD 图形、块、外部参照等不同的资源文件。

以螺栓为例，详细说明在 AutoCAD 中创建块的过程。

1. 绘制图形

按国标绘制外六角螺栓图形，如图 11-1 所示。

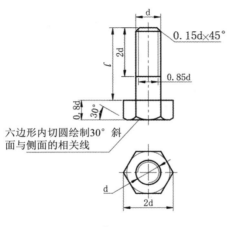

图 11-1

2. 创建块。

01 选择"绘图（D）"→"块（K）"→"创建（M）"命令，打开"块定义"对话框，在"名称"文本框中输入"外六角螺栓"，并单击"拾取点"按钮，如图 11-2 所示。

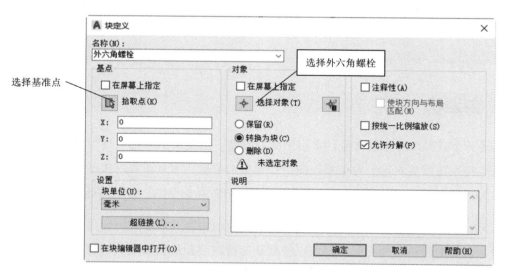

图 11-2

02 在外六角螺栓的图形上选择一个基准点，如图 11-3 所示。

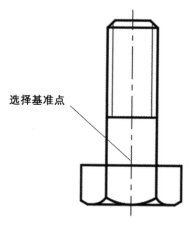

图 11-3

03 回到"块定义"对话框，单击"选择对象"按钮，并选择外六角螺栓图形。

04 单击"确定"按钮，完成块的创建。

3. 等比例插入块

01 选择"插入（I）"→"块选项板（B）"命令，打开"插入"对话框，在"插入选项"栏中选择"统一比例"选项，将比例值设为 1，"旋转"值为 0，如图 11-4 所示。

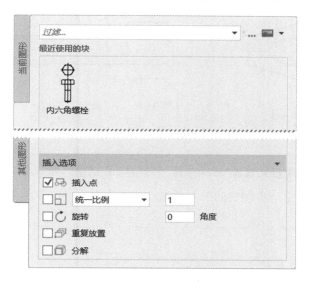

图 11-4

02 在绘图区中选择一点，可以将外六角螺栓插入 AutoCAD 中。

4. 不等比例插入块

01 选择"插入（I）"→"块选项板（B）"命令，打开"插入"对话框，在"插入选项"栏中选择"比例"选项，将 X 值设为 1，Y 值设为 2，Z 值设为 1，"旋转"值为 90，如图 11-5 所示。

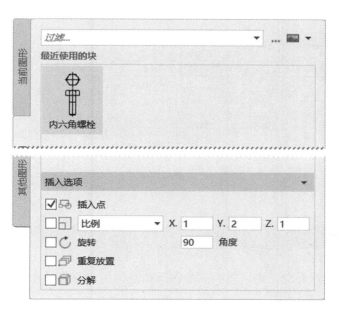

图 11-5

02 在绘图区中选择一点，可以将外六角螺栓按不等比插入 AutoCAD 中，如图 11-6 所示。

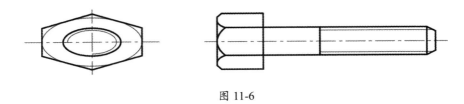

图 11-6

5. 存储块

在命令栏中执行 WBLOCK 命令，打开"写块"对话框，可以将块以 dwg 格式文件的形式写入磁盘。例如，将上一步创建的外六角螺栓的图块文件，保存在桌面，如图 11-7 所示。

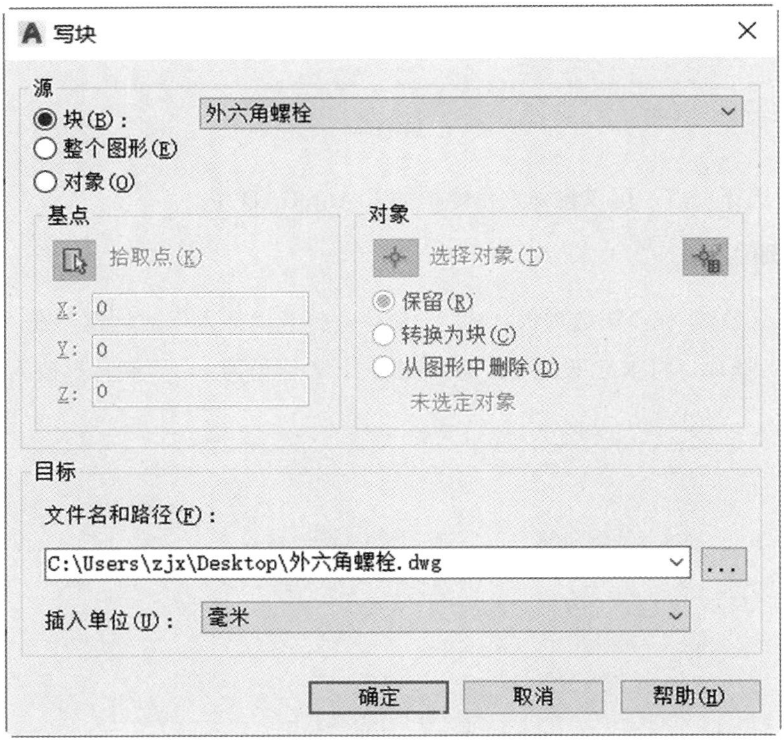

图 11-7

11.2 图块属性

图块除了包含图形对象，还可以具有非图形信息，例如，将外六角螺栓的图形定义为图块后，还可以将外六角螺栓的号码、材料、重量、价格以及说明等文本信息一起加入图块中。图块中的这些非图形信息，称为图块的属性，它是图块的一个组成部分，与图形对象一起构成一个整体。在插入图块时，AutoCAD 将图形对象连同属性一起插入图形中。下面以表面粗糙度符号详细介绍图块属性的创建和使用过程。

01 绘制粗糙度符号，假设文字高度为 1，如图 11-8 所示。

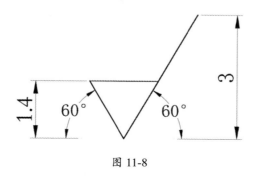

图 11-8

02 选择"绘图（D）"→"块（K）"→"定义属性（D）"命令，弹出"属性定义"对话框，在"标记"文本框中输入 RA，在"提示"文本框中输入"请输入粗糙度值："，在"默认"文本框中输入 1.6，在"对正"下拉列表中选择"左对齐"选项，在"文字样式"下拉列表中选择 Standard 选项，将"文字高度"值设为 1，"旋转"值设为 0，选中"在屏幕上指定（O）"复选框，如图 11-9 所示。

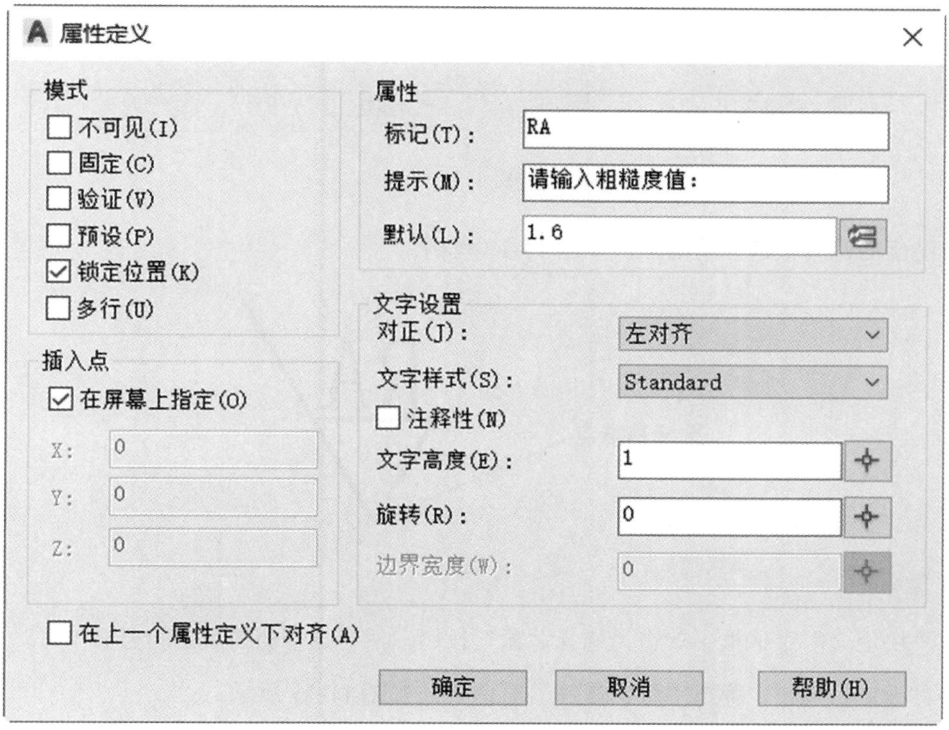

图 11-9

03 单击"确定"按钮，在粗糙度符号中输入 RA，如图 11-10 所示。

图 11-10

04 选择"绘图（D）"→"块（K）"→"创建（M）"命令，打开"块定义"对话框，在"名称"文本框中输入"粗糙度符号"，并单击"拾取点"按钮，如图 11-11 所示。

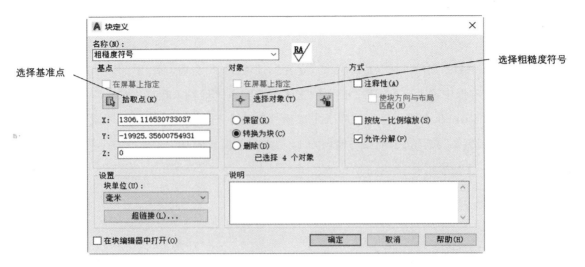

图 11-11

05 在粗糙度的符号上选择基准点，如图 11-12 所示。

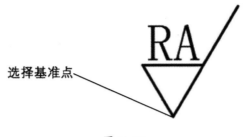

图 11-12

06 回到"块定义"对话框中单击"选择对象"按钮，然后选择粗糙度的符号和 RA。

07 单击"确定"按钮，弹出"编辑属性"对话框，如图 11-13 所示。

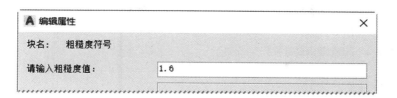

图 11-13

08 单击"确定"按钮，粗糙度符号上的 RA 变成默认的数字，如图 11-14 所示。

图 11-14

09 选择"插入（I）"→"块选项板（B）"命令，打开"插入"对话框，将"统一比例"值设为 0.5，"旋转"值设为 90，如图 11-15 所示。

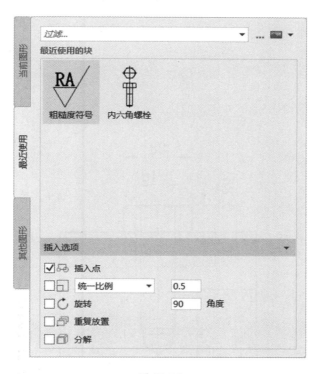

图 11-15

10 选择粗糙度符号，并在"编辑属性"对话框中将粗糙度值改为 1.0，如图 11-16 所示。

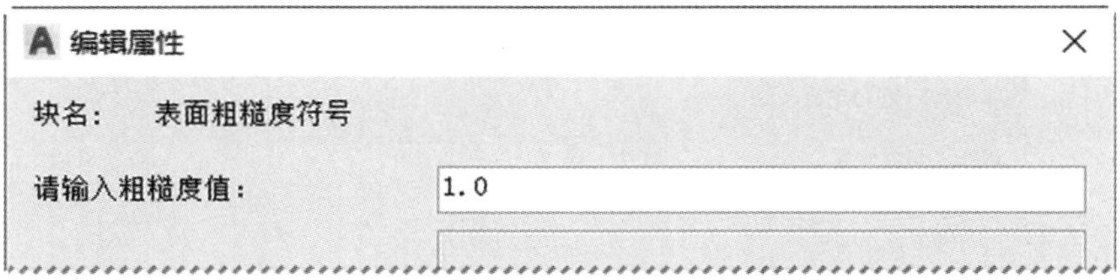

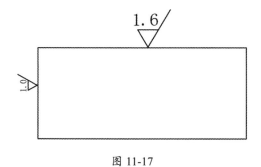

图 11-16

11 单击"确定"按钮，创建一个粗糙度符号。

12 采用相同的方法，创建另外一个粗糙度符号 1，如图 11-17 所示。

图 11-17

11.3 作业

绘制如图 11-18 所示的图形，并定义成块。

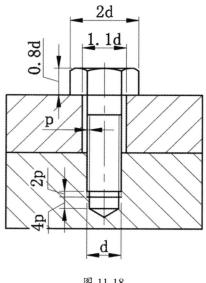

图 11-18

第 *12* 章 螺纹紧固件及其联接的画法

通过本章的学习，可以了解螺纹紧固件的种类和表示方法，掌握螺纹紧固件及其联接的基本画法。

12.1 螺纹紧固件的种类

螺纹紧固件是一种有内螺纹或外螺纹的机械零件，一般会作为紧固件使用，方便多个组件的组合。螺纹紧固件几乎在所有的机械设备上使用，因此，螺纹紧固件已成为最标准化的零部件之一。螺纹紧固件的种类有 12 种，即：六角螺栓、双头螺杆、六角螺母、六角开槽螺母、内六角圆头螺栓、开槽圆头螺钉、开槽沉头螺钉、紧定螺钉、平垫圈、弹簧垫圈、圆螺母用止动垫圈、圆螺母，如图 12-1 所示。

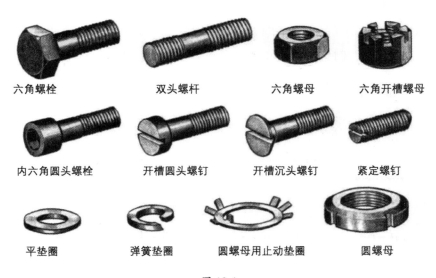

六角螺栓　　　双头螺杆　　　六角螺母　　　六角开槽螺母

内六角圆头螺栓　开槽圆头螺钉　开槽沉头螺钉　紧定螺钉

平垫圈　　　弹簧垫圈　　圆螺母用止动垫圈　　圆螺母

图 12-1

12.2 螺纹紧固件的表示法

1. 外螺纹表示法

在主视图上，螺纹的牙顶（大径）及螺纹的终止线用粗实线表示，牙底（小径）用细实线表示；

在垂直于螺纹轴线的投影视图中，螺杆的倒角按规定省略不画；表示牙底圆的细实线圆只需绘制约 3/4 圆，其直径可近似地取牙顶圆直径的 0.85 倍，如图 12-2（a）所示。

在剖视图中，剖面线绘制到粗实线，终止线绘制到小径上，如图 12-2（b）所示。

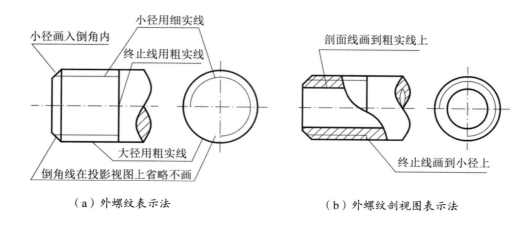

（a）外螺纹表示法　　　　　　　（b）外螺纹剖视图表示法

图 12-2

2. 内螺纹的表示法

内螺纹的牙顶圆（小径）用粗实线表示，牙底圆（大径）用细实线表示，螺纹终止线用粗实线表示。剖面线应绘制到表示牙顶圆投影的粗实线为止。

在垂直于螺纹轴线的投影视图中，表示牙底圆的细实线只绘制约 3/4 圆，螺纹孔上的倒角投影线不应画出。

绘制不穿通的螺孔时，一般应将钻孔深度与螺纹深度分别画出。当螺纹为不可见时，其所有图线用虚线绘制，如图 12-3 所示。

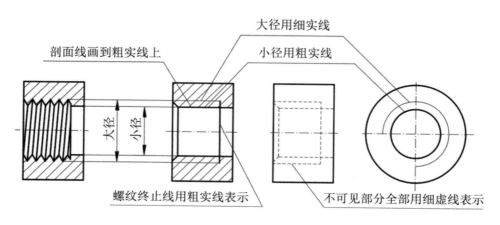

图 12-3

3. 不穿通螺纹孔的表示法

将钻孔深度与螺纹深度分别标出，其中钻孔部分用粗实线表示，螺纹部分用细实线表示，螺纹终止线用粗实线表示，标示出螺纹大径 D，钻孔深度一般比螺纹深度大约深 0.5D 左右，并标出钻孔的尖角大小为118°，如图 12-4 所示。

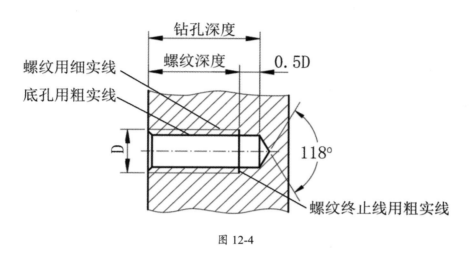

图 12-4

12.3　常见螺纹紧固件的画法

常见螺纹紧固件如图 12-5~ 图 12-6 所示。

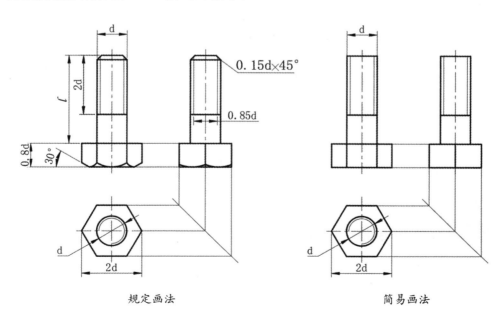

图 12-5

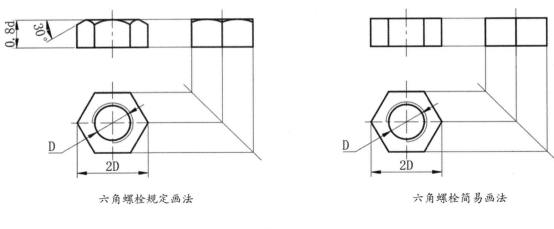

六角螺栓规定画法　　　　　　　　　　　　　六角螺栓简易画法

图 12-6

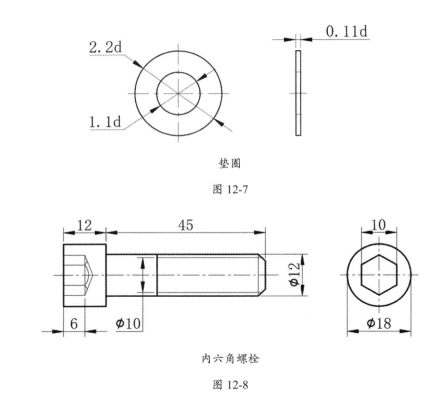

垫圈

图 12-7

内六角螺栓

图 12-8

12.4 螺纹紧固联接件的画法

12.4.1 螺纹紧固件联接画法的规定

螺纹紧固件联接是一种可拆卸的联接，常用的形式有：螺钉联接、螺栓联接、螺柱联接等。

画图时应遵守 4 条基本规定。

（1）两零件的接触面只画一条线，不接触面必须画两条线。

（2）金属的剖面线为 45°斜线。

（3）在剖视图中，当剖切平面通过螺纹紧固件的轴线时，螺纹紧固件都按不剖处理，即只画外形，不画剖面线。

（4）相邻两联接件的剖面线方向应相反，必要时可以相同，但必须相互错开或间隔不一致；在同一张图上，同一零件的剖面线在各个视图上的方向和间隔必须一致。

12.4.2　螺栓联接的画法

螺栓用来联接不太厚又允许钻成通孔的零件。画螺栓联接图的已知条件是螺栓的型式、规格、螺母、垫圈的标记、被联接件的厚度等。螺栓的公称长度 $l \geqslant \delta_1 + \delta_2 + m +$ 垫片厚度 + 伸出长度，如图 12-9 所示。

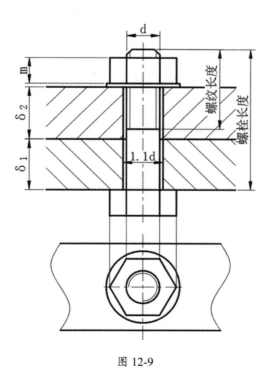

图 12-9

12.4.3　双头螺杆联接的画法

当两个联接件中有一个较厚，加工通孔困难时，一般用双头螺杆联接。用双头螺杆联接时，应根据螺孔件的材料选择螺柱的标准号，即确定 bm 长度。钢：$bm=d$ 铸铁：$bm=1.25d$ 或 $1.5d$ 铝：$bm=2d$。螺栓旋入端的螺纹终止线与两被联接件接触面轮廓线平齐表示已拧紧，如图 12-10 所示。

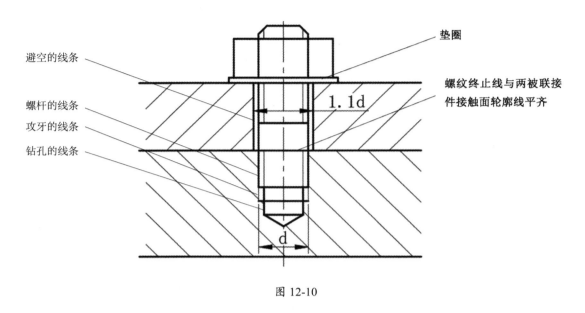

图 12-10

12.4.4 带弹簧垫圈双头螺杆联接的画法

弹簧垫圈比螺母小，并且弹簧垫圈开口方向应向左斜，如图 12-11 所示。

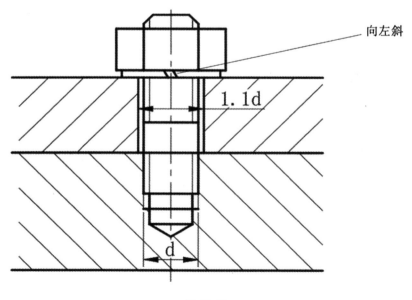

图 12-11

12.4.5　开槽圆头螺钉联接的画法

　　螺钉联接用于不经常拆卸，并且受力不大的零件，螺钉的槽一般画成 45°斜角，如图 12-12 所示。

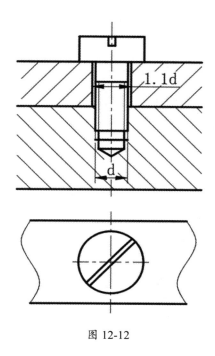

图 12-12

12.4.6　六角螺栓联接的画法

　　六角螺栓联接如图 12-13 所示。

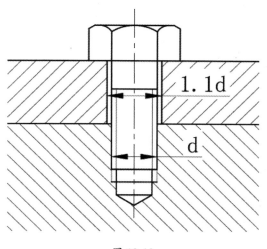

图 12-13

12.4.7　内六角螺栓联接的画法

内六角螺栓联接如图 12-14 所示。

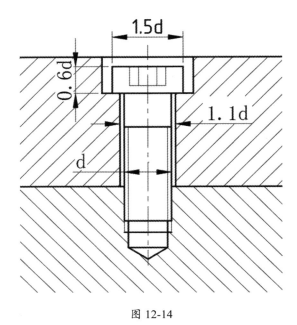

图 12-14

12.4.8　双头螺栓的画法

双头螺栓如图 12-15 所示。

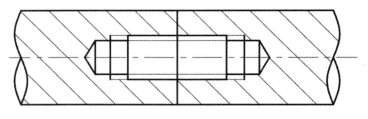

图 12-15

第 *13* 章 三维实体

本章学习绘制长方体、球体、圆柱体等基本实体；拉伸或旋转二维对象生成三维实体或曲面；通过扫掠形成三维实体或曲面；利用放样形成实体或曲面；将曲面转化为实体；利用平面或曲面切割实体；创建弹簧；与实体显示有关的系统变量；利用布尔运算构建复杂模型。

13.1　绘制基本实体

13.1.1　长方形

绘制长方体的步骤如下。

01 在"工具（T）"→"工具栏"→ AutoCAD 子菜单中选中"视图""视觉样式"和"三维导航"3 个选项，将这 3 个工具栏调出来，并调整好工具栏的位置。

02 建立用户坐标系。

```
命令:UCS ✓
指定 UCS 的原点或 ［面（F）/命名（NA）/对象（OB）/上一个（P）/视图（V）/世界（W）/X/Y/Z/Z 轴（ZA）] <世界>:
指定 X 轴上的点或 <接受>:
指定 XY 平面上的点或 <接受>:
```

03 选择"绘图（D）"→"建模（M）"→"长方体（B）"命令，或者在命令栏中输入：

```
命令：BOX ✓
指定第一个角点或 ［中心（C）]: 0,0,0 ✓
指定其他角点或 ［立方体（C）/长度（L）]: 100,50,30 ✓
```

04 选择"视图（V）"→"三维视图（D）"→"西南等轴测（S）"命令，所绘制的长方体有隐藏线，如图 13-1（a）所示。

05 选择"视图（V）"→"消隐（H）"命令，消除隐藏线，如图 13-1（b）所示。

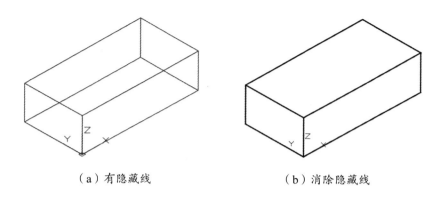

（a）有隐藏线　　　　　　　　　　（b）消除隐藏线

图 13-1

06 在"三维导航"工具栏中单击"动态"按钮，如图 13-2 所示，并在工作区中单击并拖动，可以任意旋转长方体的视角。

图 13-2

```
命令：SHA
输入选项 [二维线框（2）/线框（W）/隐藏（H）/真实（R）/概念（C）/着色（S）/带边缘着色（E）
/灰度（G）/勾画（SK）/X 射线（X）/其他（O）] <二维线框>：S
```

执行效果为着色显示。

```
命令：SHA
输入选项 [二维线框（2）/线框（W）/隐藏（H）/真实（R）/概念（C）/着色（S）/带边缘着色（E）
/灰度（G）/勾画（SK）/X 射线（X）/其他（O）] <二维线框>：2
```

执行效果为线条显示。

13.1.2　楔体

绘制楔体的步骤如下。

01 选择"绘图（D）"→"建模（M）"→"楔体（W）"命令，或者在命令栏中输入：

```
命令：WEDGE ✓
指定第一个角点或 [中心（C）]：30,40,0 ✓
指定其他角点或 [立方体（C）/长度（L）]：L ✓
指定长度 <0.0000>:40 ✓
指定宽度 <0.0000>: 30 ✓
```

指定高度或 ［两点（2P）］ <0.0000>:10 ✓

02 选择"视图（V）"→"三维视图（D）"→"西南等轴测（S）"命令，所绘制的楔体如图 13-3 所示。

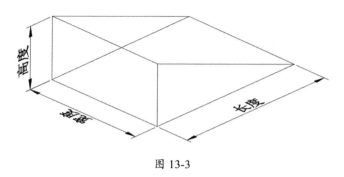

图 13-3

13.1.3　球体

绘制球体的步骤如下。

01 选择"绘图（D）"→"建模（M）"→"球体（S）"命令，或者在命令栏中输入：

命令：SPHERE ✓
指定中心点或 ［三点（3P）/两点（2P）/切点、切点、半径（T）］: 10,10,10 ✓
指定半径或 ［直径（D）］: 5 ✓

02 选择"视图（V）"→"三维视图（D）"→"西南等轴测（S）"命令，所绘制的球体如图 13-4 所示。

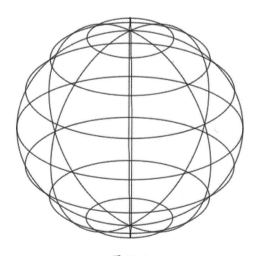

图 13-4

13.1.4 圆柱体

绘制圆柱体的步骤如下。

01 选择"绘图（D）"→"建模（M）"→"圆柱体（C）"命令，或者在命令栏中输入：

```
命令：CYLINDER ↙
指定底面的中心点或 [三点（3P）/两点（2P）/切点、切点、半径（T）/椭圆（E）]:
10,10,10 ↙
指定底面半径或 [直径（D）] <0.0000>:5 ↙
指定高度或 [两点（2P）/轴端点（A）] <0.0000>:30 ↙
```

02 选择"视图（V）"→"三维视图（D）"→"西南等轴测（S）"命令，绘制的圆柱体如图 13-5 所示。

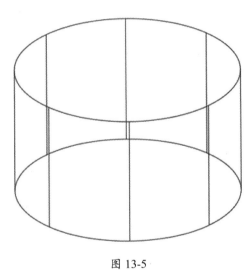

图 13-5

13.1.5 圆锥体

绘制圆锥体的步骤如下。

01 选择"绘图（D）"→"建模（M）"→"圆锥体（O）"命令，或者在命令栏中输入：

```
命令：CONE ↙
指定底面的中心点或 [三点（3P）/两点（2P）/切点、切点、半径（T）/椭圆（E）]: 1,1,1 ↙
指定底面半径或 [直径（D）] <0.0000>:5 ↙
指定高度或 [两点（2P）/轴端点（A）] <0.0000>:30 ↙
```

02 选择"视图（V）"→"三维视图（D）"→"西南等轴测（S）"命令，绘制的圆柱体如

图 13-6 所示。

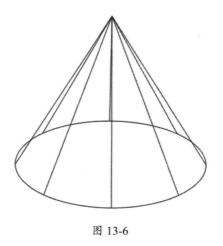

图 13-6

13.1.6　圆台体

绘制圆台体的步骤如下。

01 选择"绘图（D）"→"建模（M）"→"圆锥体（O）"命令，或者在命令栏中输入：

> 命令：CONE ✓
> 指定底面的中心点或 ［三点（3P）/两点（2P）/切点、切点、半径（T）/椭圆（E）]:5,5,5 ✓
> 指定底面半径或 ［直径（D）] <0.0000>:10 ✓
> 指定高度或 ［两点（2P）/轴端点（A）/顶面半径（T）] <0.0000>: T ✓
> 指定顶面半径 <0.0000>:5 ✓
> 指定高度或 ［两点（2P）/轴端点（A）] <0.0000>:10 ✓

02 选择"视图（V）"→"三维视图（D）"→"西南等轴测（S）"命令，绘制的圆锥体如图 13-7 所示。

图 13-7

13.1.7 棱锥体

绘制棱锥体的步骤如下。

01 选择"绘图（D）"→"建模（M）"→"棱锥体（Y）"命令，或者在命令栏中输入：

```
命令：PYRAMID↙
指定底面的中心点或 [边（E）/侧面（S）]：S
输入侧面数 <4>: 6
指定底面的中心点或 [边（E）/侧面（S）]:10,10,10
指定底面半径或 [内接（I）] <0.0000>:5
指定高度或 [两点（2P）/轴端点（A）/顶面半径（T）] <0.0000>:6
```

02 选择"视图（V）"→"三维视图（D）"→"西南等轴测（S）"命令，绘制的六棱锥体
如图 13-8 所示。

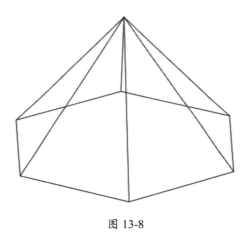

图 13-8

13.1.8 棱台体

绘制棱台体的步骤如下。

01 选择"绘图（D）"→"建模（M）"→"棱锥体（Y）"命令，或者在命令栏中输入：

```
命令：PYRAMID↙
指定底面的中心点或 [边（E）/侧面（S）]: S↙
输入侧面数 <6>: 8 ↙
指定底面的中心点或 [边（E）/侧面（S）]: 10,10,10 ↙
指定底面半径或 [内接（I）] <68.2129>: 5↙
指定高度或 [两点（2P）/轴端点（A）/顶面半径（T）] <116.9838>: T↙
指定顶面半径 <4.3211>: 3 ↙
```

指定高度或 ［两点（2P）/ 轴端点（A）］<116.9838>: 4 ↙

02 选择"视图（V）"→"三维视图（D）"→"西南等轴测（S）"命令，绘制的六棱锥体如图 13-9 所示。

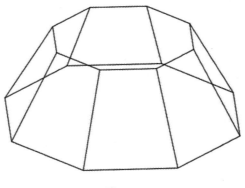

图 13-9

13.1.9 圆环体

绘制圆环体的步骤如下。

01 选择"绘图（D）"→"建模（M）"→"圆环体（T）"命令，或者在命令栏中输入：

命令：TORUS ↙
指定中心点或 ［三点（3P）/ 两点（2P）/ 切点、切点、半径（T）］:10,10,10
指定半径或 ［直径（D）］<5.0000>: 20
指定圆管半径或 ［两点（2P）/ 直径（D）］<2.0000>: 2

02 选择"视图（V）"→"三维视图（D）"→"西南等轴测（S）"命令，绘制的圆环体如图 13-10 所示。

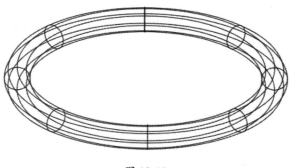

图 13-10

13.1.10 多段体

绘制多段体的步骤如下。

01 选择"绘图"→"建模"→"多段体"命令，或者在命令栏中输入：

```
命令：POLYSOLID ✓
指定起点或［对象（O）/ 高度（H）/ 宽度（W）/ 对正（J）］＜对象＞: H ✓
指定高度 <1.0000>:10 ✓
指定起点或［对象（O）/ 高度（H）/ 宽度（W）/ 对正（J）］＜对象＞: W ✓
指定宽度 <1.0000>: 5 ✓
指定起点或［对象（O）/ 高度（H）/ 宽度（W）/ 对正（J）］＜对象＞:J ✓
输入对正方式［左对正（L）/ 居中（C）/ 右对正（R）］＜居中＞: C ✓
指定下一个点或［圆弧（A）/ 放弃（U）］:
```

02 选择若干点，绘制的多段体效果如图 13-11 所示。

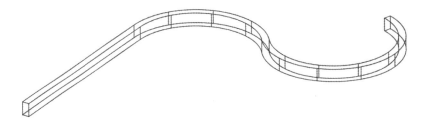

图 13-11

13.2　由二维对象生成三维实体

13.2.1　拉伸实体

绘制拉伸实体的步骤如下。

01 先绘制一个封闭的二维图形，如图 13-12 所示。

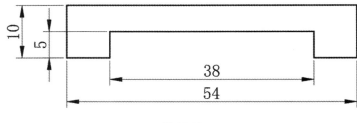

图 13-12

02 选择"绘图（D）"→"面域（N）"命令，为上述二维图形创建面域。

> 命令：EXTRUDE ✓
>
> 选择要拉伸的对象或 ［模式（MO）］：选择刚才创建的面域
>
> 选择要拉伸的对象或 ［模式（MO）］：✓
>
> 指定拉伸的高度或 ［方向（D）/路径（P）/倾斜角（T）/表达式（E）］：30 ✓

03 选择"视图（V）"→"三维视图（D）"→"西南等轴测（S）"命令，创建的拉伸体如图 13-13 所示。

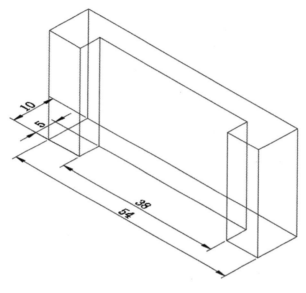

图 13-13

13.2.2 旋转实体

绘制旋转实体的步骤如下。

01 先绘制一条轴线和一个封闭的二维图形，如图 13-14 所示。

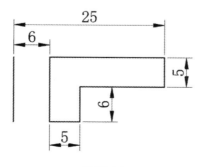

图 13-14

02 选择"绘图（D）"→"面域（N）"命令，为封闭的二维图形创建面域。

命令：REVOLVE ↙

当前线框密度： ISOLINES=8，闭合轮廓创建模式 = 实体

选择要旋转的对象或 ［模式（MO）］：选择面域

选择要旋转的对象或 ［模式（MO）］：↙

指定轴起点或根据以下选项之一定义轴 ［对象（O）/X/Y/Z］ ＜对象＞：选择轴的端点

指定轴端点： 选择轴的另一个端点

指定旋转角度或 ［起点角度（ST）/ 反转（R）/ 表达式（EX）］ ＜360＞:360 ↙

03 选择"视图（V）"→"三维视图（D）"→"西南等轴测（S）"命令，创建的旋转体如图 13-15 所示。

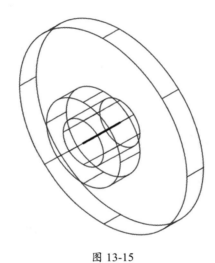

图 13-15

13.2.3 扫掠实体

绘制扫掠实体的步骤如下。

01 选择"绘图（D）"→"样条曲线（S）"→"拟合点（F）"命令，在绘图区中任意绘制一样条曲线，如图 13-16 所示（也可以是圆弧或其他曲线）。

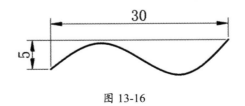

图 13-16

02 选择正交模式。

03 在命令栏中输入以下命令。

命令：UCS ✓

UCS 指定 UCS 的原点或 [面（F）命名（NA）对象（OB）上一个（P）视图（V）世界（W）XYZ Z 轴（ZA）]<世界 >：选择曲线左边端点，在左边端点正右侧选择一点，确定 X 轴方向，再在左边端点正上方选择一点，确定 Y 轴方向，即可在端点处创建用户坐标系，如图 13-17 所示

命令：UCS ✓

指定 UCS 的原点或 [面（F）/ 命名（NA）/ 对象（OB）/ 上一个（P）/ 视图（V）/ 世界（W）/X/Y/Z/Z 轴（ZA）] <世界 >：Y ✓

指定绕 Y 轴的旋转角度 <90>:90 ✓

用户坐标系沿 Y 轴旋转 90°，X 轴的位置被 Z 轴代替，Z 轴为虚线，如图 13-17（b）所示。

（a）在左侧端点处创建用户坐标系　　　　（b）用户坐标系沿 Y 轴旋转 90°

图 13-17

命令：C ✓

指定圆的圆心或 [三点（3P）/ 两点（2P）/ 切点、切点、半径（T）]：0,0 ✓

指定圆的半径或 [直径（D）]：2 ✓

04 选择"视图（V）"→"三维视图（D）"→"东南等轴测（E）"命令，所绘制的圆和曲线如图 13-18 所示。

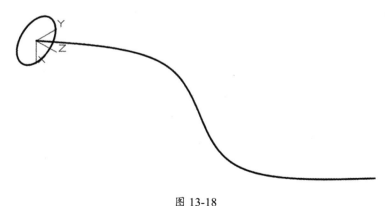

图 13-18

命令：SWEEP ✓

选择要扫掠的对象或 [模式（MO）]：选择圆

选择要扫掠的对象或 [模式（MO）]：✓

选择扫掠路径或 [对齐（A）/ 基点（B）/ 比例（S）/ 扭曲（T）]：选择曲线

05 创建的扫掠实体如图 13-19 所示。

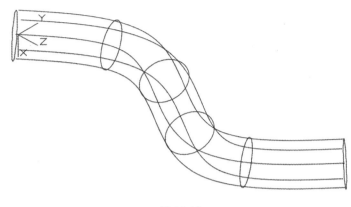

图 13-19

13.2.4 放样实体

绘制放样实体的步骤如下。

01 绘制基准曲线。

```
命令：RECTANG ✓
指定第一个角点或 [倒角（C）/标高（E）/圆角（F）/厚度（T）/宽度（W）]：-20，-20，-50 ✓
指定另一个角点或 [面积（A）/尺寸（D）/旋转（R）]：20，20，-50 ✓
命令：C ✓
指定圆的圆心或 [三点（3P）/两点（2P）/切点、切点、半径（T）]：0，0，0 ✓
指定圆的半径或 [直径（D）] <10.0000>：10 ✓
命令：RECTANG ✓
指定第一个角点或 [倒角（C）/标高（E）/圆角（F）/厚度（T）/宽度（W）]：-20，-20，50 ✓
指定另一个角点或 [面积（A）/尺寸（D）/旋转（R）]：20，20，50 ✓
```

02 选择"视图（V）"→"三维视图（D）"→"东南等轴测（E）"命令，绘制的 3 条曲线如图 13-20 所示。

```
命令：LOFT ✓
按放样次序选择横截面或 [点（PO）/合并多条边（J）/模式（MO）]：选择第一个矩形
按放样次序选择横截面或 [点（PO）/合并多条边（J）/模式（MO）]：选择中间的圆
按放样次序选择横截面或 [点（PO）/合并多条边（J）/模式（MO）]：选择第二个矩形
按放样次序选择横截面或 [点（PO）/合并多条边（J）/模式（MO）]：✓
输入选项 [导向（G）/路径（P）/仅横截面（C）/设置（S）] <仅横截面>：✓
```

03 创建的放样实体如图 13-21 所示。

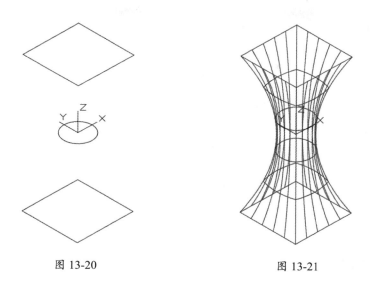

图 13-20　　　　　　　　　　　图 13-21

13.3　三维实体的布尔运算

在 AutoCAD 中，用于实体的布尔运算有并集、差集和交集 3 种。

13.3.1　并集运算

选择"修改（M）"→"实体编辑（N）"→"并集（U）"命令，或在"实体编辑"工具栏中单击"并集"按钮，也可以在命令栏中输入 UNION 命令，均可以将多个实体组合生成一个新实体。

例 13-1　先创建一个长方体和圆柱体，然后合并成一个新的实体，如图 13-22 所示。

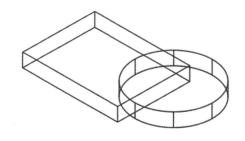 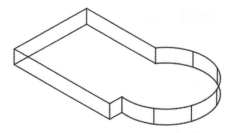

图 13-22

13.3.2　交集运算

选择"修改（M）"→"实体编辑（N）"→"交集"命令（INTERSECT），或在"实体编辑"工具栏中单击"交集"按钮,由各实体的公共部分创建新实体,同时删除原来的实体,如图 13-23 所示。

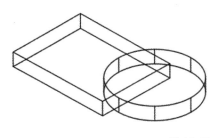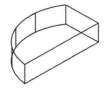

图 13-23

13.3.3 差集运算

选择"修改(M)"→"实体编辑(N)"→"差集(S)"命令,或在"实体编辑"工具栏中单击"差集"按钮,也可以在命令栏中输入 SUBTRACT 命令,即可从一些实体中去掉部分实体,从而得到一个新的实体,如图 13-24 所示。

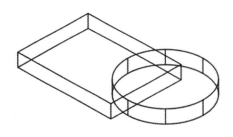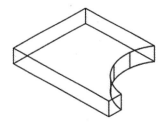

图 13-24

13.4 编辑三维实体

可以在创建实体后,再对实体进行编辑,在实体上实现倒角、圆角、抽壳等特征。先按图 13-1 创建一个长方体。

13.4.1 三维倒角

选择"修改(M)"→"实体编辑(N)"→"倒角边(C)"命令,或者在命令行执行如下操作。

```
命令:CHAMFER ✓
选择第一条直线或 [放弃(U)/多段线(P)/距离(D)/角度(A)/修剪(T)/方式(E)/多个(M)]:
```

```
D ✓
    指定 第一个 倒角距离 <1.2000>: 10 ✓
    指定 第二个 倒角距离 <10.0000>: 5 ✓
    选择第一条直线或 [放弃(U)/多段线(P)/距离(D)/角度(A)/修剪(T)/方式(E)/多个(M)]:
选择 AB 线段, 如图 13-25 所示
    系统默认选择侧面, 在快捷菜单中选择"当前(OK)"选项, 如图 13-26 所示
    输入曲面选择选项 [下一个(N)/当前(OK)] <当前(OK)>: ✓
    指定基面倒角距离或 [表达式(E)] <10.0000>: ✓
    指定其他曲面倒角距离或 [表达式(E)] <5.0000>: ✓
    选择边或 [环(L)]: 选择 AB ✓
    选择边或 [环(L)]: ✓
```

创建的三维倒角效果如图 13-27 所示。

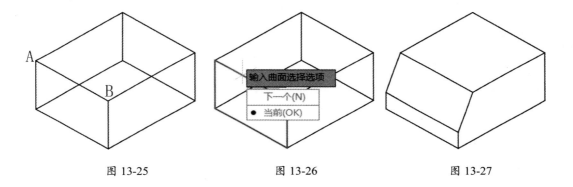

图 13-25   图 13-26   图 13-27

13.4.2　三维圆角

选择"修改(M)"→"实体编辑(N)"→"圆角边(F)"命令, 或者在命令行执行如下操作。

```
命令: FILLET ✓
    选择第一个对象或 [放弃(U)/多段线(P)/半径(R)/修剪(T)/多个(M)]: 在实体上选择一条边
    输入圆角半径或 [表达式(E)] <3.0000>: 10 ✓
    选择边或 [链(C)/环(L)/半径(R)]: ✓
```

创建的三维倒圆角效果如图 13-28 所示。

13.4.3　抽壳

选择"修改(M)"→"实体编辑(N)"→"抽壳(H)"命令。

选择三维实体：选择实体

删除面或 ［放弃（U）/ 添加（A）/ 全部（ALL）］：选择端面

删除面或 ［放弃（U）/ 添加（A）/ 全部（ALL）］：✓

输入抽壳偏移距离：3 ✓

创建的三维抽壳效果如图 13-29 所示。

13.4.4 剖切实体

选择"修改（M）"→"三维操作（3）"→"剖切（S）"命令。

选择要剖切的对象：选择实体

选择要剖切的对象：✓

指定切面的起点或 ［平面对象（O）/ 曲面（S）/z 轴（Z）/ 视图（V）/xy（XY）/yz（YZ）/zx（ZX）/ 三点（3）］＜三点＞：选择第一条边线的中点

指定平面上的第二个点：选择第二条边线的中点

在所需的侧面上指定点或 ［保留两个侧面（B）］＜保留两个侧面＞：选择保留的部分

创建的剖切效果如图 13-30 所示（剖面线是用图案填充的方法画上去的）。

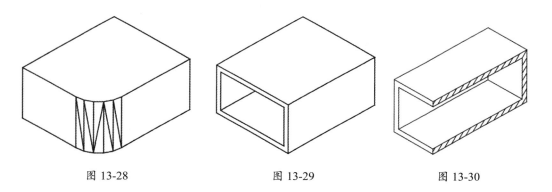

图 13-28　　　　　　　图 13-29　　　　　　　图 13-30

13.4.5 三维旋转

选择"修改（M）"→"三维操作（3）"→"三维旋转（R）"命令，或者在命令行中执行 3DROTATE 命令，选择需要旋转的对象，再旋转基准点，在基准点出现 3 个圆环（红色圆环的轴线代表 X 轴，绿色圆环的轴线代表 Y 轴，蓝色圆环的轴线代表 Z 轴），如图 13-31 所示。

选择蓝色的圆环，确定用 Z 轴为旋转轴，输入 90，实体旋转 90°，如图 13-32 所示。

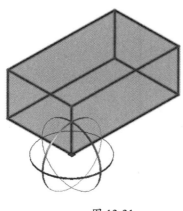

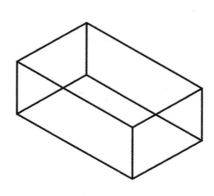

图 13-31　　　　　　　　　　　　　　　　图 13-32

13.4.6　三维移动

选择"修改（M）"→"三维操作（3）"→"三维旋转（M）"命令，或者在命令行中执行 3DMOVE 命令。

```
命令：3DMOVE ✓
选择对象：选择实体
选择对象：✓
指定基点或 [ 位移（D）] <位移>： 0,0,0 ✓
指定第二个点或 <使用第一个点作为位移>： 10,10,10 ✓
```

13.4.7　三维矩形阵列

选择"修改（M）"→"三维操作（3）"→"三维阵列（3）"命令，或者在命令行中执行 3DARRAY 命令。

```
命令：3DARRAY ✓
选择对象： 选择实体
选择对象： ✓
选择对象：输入阵列类型 [ 矩形（R）/ 环形（P）] <R>：R ✓
输入行数 （---） <1>：3 ✓                        // 3 行
输入列数 （|||） <1>：4 ✓                        // 4 列
输入层数 （...） <1>：2 ✓                        // 2 层
指定行间距 （---）：200 ✓                        // 行间距
指定列间距 （|||）：150 ✓                        // 列间距
指定层间距 （...）：80 ✓                         // 层间距
```

创建的三维矩形阵列效果如图 13-33 所示。

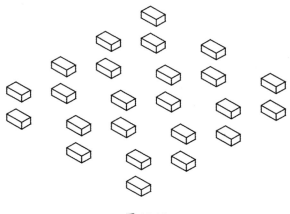

图 13-33

13.4.8 三维环形阵列

选择"修改（M）"→"三维操作（3）"→"三维阵列（3）"命令，或者在命令行中执行 **3DARRAY** 命令。

```
命令：3DARRAY ↙
选择对象：  选择实体
选择对象：↙
输入阵列类型 ［矩形（R）/ 环形（P）] <R>：P ↙
输入阵列中项目的数目：10 ↙
指定填充角度 （+= 逆时针，-= 顺时针） <360>：360 ↙
是否旋转阵列中的对象？［是（Y）/ 否（N）] <Y>：Y ↙
指定阵列的中心点或 ［基点（B）]：
选择旋转轴上的第二点：
```

创建的三维环形阵列效果如图 13-34 所示。

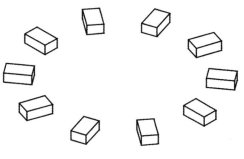

图 13-34

13.4.9　三维镜像

选择"修改（M）"→"三维操作（3）"→"三维镜像（D）"命令，或者在命令行中执行 MIRROR3D 命令。

```
命令：MIRROR3D↙
选择对象：选择实体
选择对象：↙
指定镜像平面（三点）的第一个点或 [对象（O）/最近的（L）/Z 轴（Z）/视图（V）/XY 平面（XY）/YZ 平面（YZ）/ZX 平面（ZX）/三点（3）] <三点>：
在镜像平面上指定第二点：
在镜像平面上指定第三点：
是否删除源对象？[是（Y）/否（N）] <否>：N↙
```

创建的三维镜像效果如图 13-35 所示。

13.4.10　对齐

为了便于操作，先从图 13-34 中复制两个实体，如图 13-36 所示。

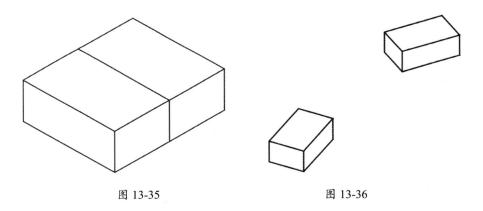

图 13-35　　　　　　　　　　　　　图 13-36

1. 一对点对齐

选择"修改（M）"→"三维操作（3）"→"对齐（L）"命令。

```
选择对象：选择字母 A 所对应的实体
选择对象：↙
指定第一个源点：选择端点 A
指定第一个目标点：选择端点 B
指定第二个源点：↙
```

执行效果是字母 A 所对应的实体移到字母 B 所对应的实体上，如图 13-37 所示。

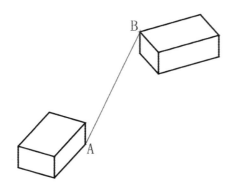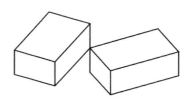

图 13-37

2. 两对点对齐

两对点对齐的效果如图 13-38 所示。

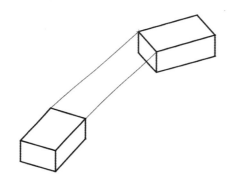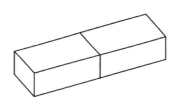

图 13-38

3. 三对点对齐

三对点对齐的效果如图 13-39 所示。

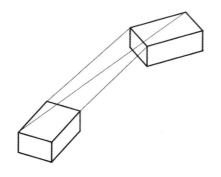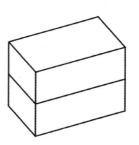

图 13-39

13.4.11　三维对齐

在三维作图过程中，有时可能需要对齐两个物体的某一平面，此时可以应用三维操作中的三维对齐功能。在开始前，先创建一个立方体（40mm×30mm×20mm）和一个楔体（40mm×30mm×20mm），如图 13-40 所示。

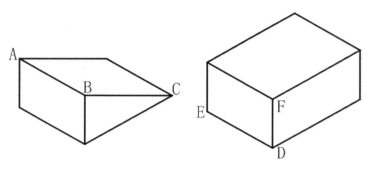

图 13-40

选择"修改（M）"→"三维操作（3）"→"三维对齐（A）"命令。

```
选择对象：选择楔体
选择对象：↙
指定基点或 [复制（C）]：选择 A 点
指定第二个点或 [继续（C）] <C>：选择 B 点
指定第三个点或 [继续（C）] <C>：选择 C 点
指定目标平面和方向 ...
指定第一个目标点：选择 D 点
指定第二个目标点或 [退出（X）] <X>：选择 E 点
指定第三个目标点或 [退出（X）] <X>：选择 F 点
```

执行效果如图 13-41 所示。

如果目标点依次选择的是 E、D、F，则执行效果如图 13-42 所示。

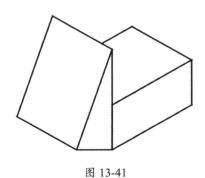

图 13-41

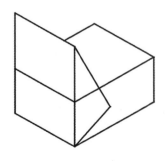

图 13-42

13.5 实例（1）

01 选择"文件"→"新建"命令，在"选择样板"对话框中单击"打开（O）"旁边的▼图标，在弹出的菜单中选择"无样板打开 - 公制（M）"命令。

02 绘制直线和倒圆角。

```
命令：L↙
指定第一个点：
指定下一点或 [ 放弃（U）]：@-50,0,0 ↙
指定下一点或 [ 退出（E）/ 放弃（U）]：@0,80,0 ↙
指定下一点或 [ 关闭（C）/ 退出（X）/ 放弃（U）]：@0,0,50 ↙
指定下一点或 [ 关闭（C）/ 退出（X）/ 放弃（U）]：↙
```

03 选择"视图（V）"→"三维视图（D）"→"西南等轴测（S）"命令，绘制的直线效果如图 13-43 所示。

04 选择"编辑（M）"→"圆角（F）"命令，在直线的拐角处绘制圆角（R20），如图 13-44 所示。

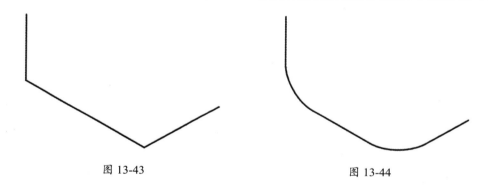

图 13-43   图 13-44

05 建立用户坐标系，如图 13-45 所示。

06 选择"绘图（D）"→"圆（C）"命令，绘制一个圆，直径为 25mm，如图 13-46 所示。

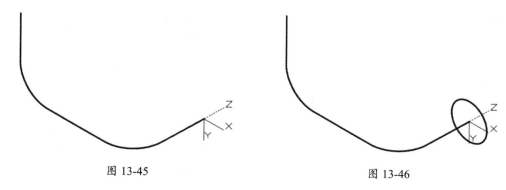

图 13-45   图 13-46

07 选择"绘图（D）"→"建模（M）"→"拉伸（X）"命令，选择圆形并按 Enter 键，再选择直线的端点，绘制拉伸实体，如图 13-47 所示。

08 以直线的另一个端点建立用户坐标系，并绘制一个圆，如图 13-48 所示。

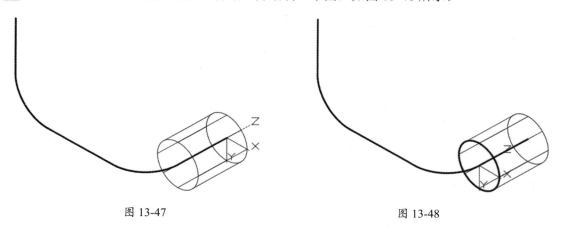

图 13-47　　　　　　　　　　　　　　　　图 13-48

09 选择"绘图（D）"→"建模（M）"→"扫掠（P）"命令，选择圆形并按 Enter 键，再选择圆弧，绘制扫掠实体，如图 13-49 所示。

10 按照相同的方法，逐一画出其余实体，如图 13-50 所示。

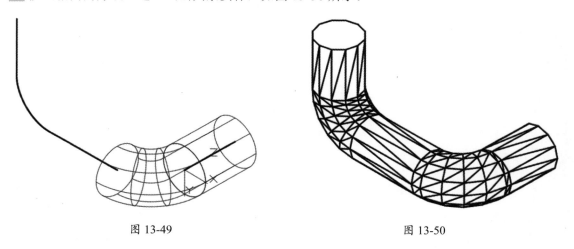

图 13-49　　　　　　　　　　　　　　　　图 13-50

11 选择"修改（M）"→"实体编辑（N）"→"并集（U）"命令，合并 5 个实体。

12 选择"视图（V）"→"三维视图（D）"→"东南等轴测（E）"命令，切换视角。

13 选择"修改（M）"→"实体编辑（N）"→"抽壳（H）"命令，先选择实体，再选择实体的两个端面，将偏移距离设为 5mm，创建抽壳特征，如图 13-51 所示。

14 在上方的管口处建立用户坐标系，如图 13-52 所示。

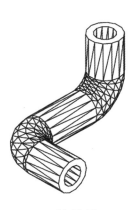

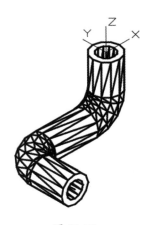

图 13-51 图 13-52

15 创建方形接口。

```
命令:RECTANG ↙
指定第一个角点或 [倒角（C）/标高（E）/圆角（F）/厚度（T）/宽度（W）]: -20,-20 ↙
指定另一个角点或 [面积（A）/尺寸（D）/旋转（R）]: 20,20 ↙
命令:C ↙
指定圆的圆心或 [三点（3P）/两点（2P）/切点、切点、半径（T）]: 0,0 ↙
指定圆的半径或 [直径（D）] <12.5000>: 7.5 ↙
命令:C ↙
指定圆的圆心或 [三点（3P）/两点（2P）/切点、切点、半径（T）]: 12,12 ↙
指定圆的半径或 [直径（D）] <12.5000>: 2.5 ↙
命令: ↙
指定圆的圆心或 [三点（3P）/两点（2P）/切点、切点、半径（T）]: -12,12 ↙
指定圆的半径或 [直径（D）] <12.5000>: 2.5 ↙
命令: ↙
指定圆的圆心或 [三点（3P）/两点（2P）/切点、切点、半径（T）]: -12,-12 ↙
指定圆的半径或 [直径（D）] <12.5000>: 2.5 ↙
命令: ↙
指定圆的圆心或 [三点（3P）/两点（2P）/切点、切点、半径（T）]: 12,-12 ↙
指定圆的半径或 [直径（D）] <12.5000>: 2.5 ↙
```

所绘制的矩形和圆如图 13-53 粗线所示。

16 选择"绘图（D）"→"面域（N）"命令，然后选择所绘制的矩形和圆，右击或按 Enter 键，完成面域创建。

17 创建面域求差。选择"修改（M）"→"实体编辑（N）"→"差集（S）"命令，选择矩形面域为从中减去的面域，右击，选择其他 5 个圆形面域为减去的面域再右击，完成面域的

差集运算。

18 选择"绘图（D）"→"建模（M）"→"拉伸（X）"命令，选择面域，指定拉深高度为 8mm，创建拉伸实体，如图 13-54 所示。

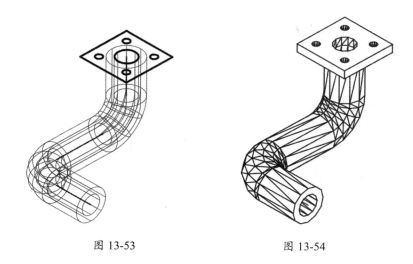

图 13-53　　　　　　　图 13-54

19 选择"修改（M）"→"实体编辑（N）"→"圆角边（F）"命令，设置圆角半径为 5mm，在矩形体中倒圆角，如图 13-55 所示。

20 在下方的管口处建立用户坐标系，如图 13-56 所示。

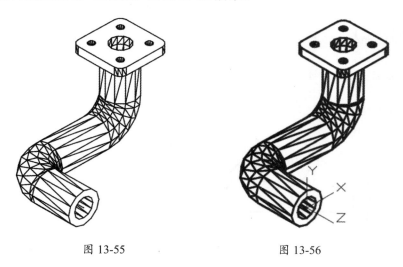

图 13-55　　　　　　　图 13-56

21 在下管口处画出圆弧和线条，如图 13-57 所示。

22 选择"绘图（D）"→"面域（N）"命令，并选择如图 13-57 所示的图形，右击或按 Enter 键，完成面域创建。

23 创建面域求差。选择"修改（M）"→"实体编辑（N）"→"差集（S）"命令，选择最大的面域为从中减去的面域，右击，选择其他 3 个圆形面域为减去的面域再右击，完成面域的差集运算。

24 选择"绘图（D）"→"建模（M）"→"拉伸（X）"命令，选择面域后，指定拉深高度为 8mm，效果如图 13-58 所示。

25 选择"修改（M）"→"实体编辑（N）"→"并集（U）"命令，合并实体。

26 选择"视图（V）"→"视角样式（S）"→"消隐（H）"命令，效果如图 13-59 所示。

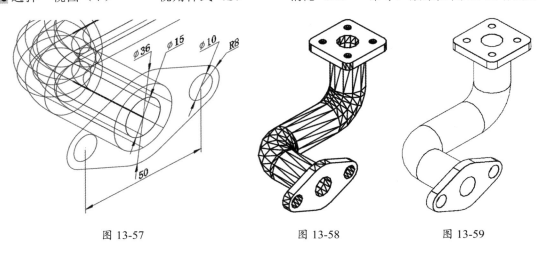

图 13-57　　　　　图 13-58　　　　　图 13-59

13.6　实例（2）

本实例图形如图 13-60 所示。

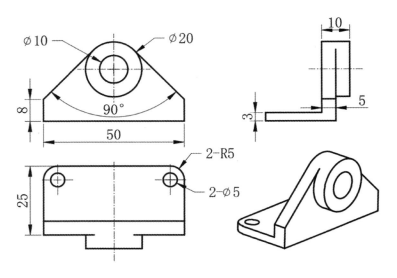

图 13-60

01 选择"文件"→"新建"命令，在弹出的"选择样板"对话框中单击"打开（O）"旁边的▼图标，在弹出的菜单中选择"无样板打开 - 公制（M）"命令。

02 绘制长方体。

```
命令：BOX↙
指定第一个点：
指定下一点或 ［放弃（U）］:@-50,25,3↙
```

03 选择"视图（V）"→"三维视图（D）"→"西南等轴测（S）"命令，绘制的长方体效果如图 13-61 所示。

04 选择"视图（V）"→"视角样式（S）"→"消隐（H）"命令，效果如图 13-62 所示。

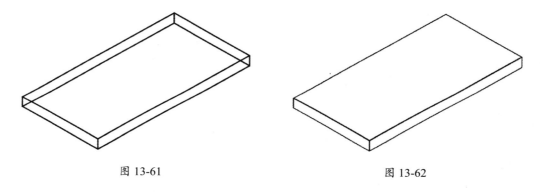

图 13-61　　　　　　　　　　　　　　　图 13-62

05 选择"编辑（M）"→"圆角（F）"命令，在实体上倒两个圆角（$R5mm$），如图 13-63 所示。

06 选择"绘图（D）"→"建模（M）"→"圆柱体（C）"命令，以圆弧的圆心为中心，绘制两个圆柱体（$\varphi5mm \times 10mm$），如图 13-64 所示。

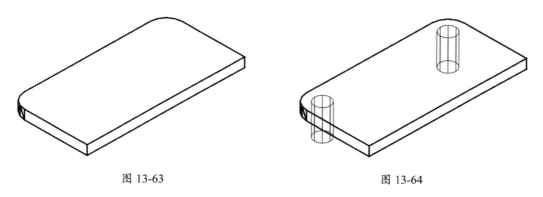

图 13-63　　　　　　　　　　　　　　　图 13-64

07 选择"修改（M）"→"实体编辑（N）"→"差集（S）"命令，从大实体中去掉两个小圆柱体，在实体上创建两个小孔，如图 13-65 所示。

08 以实体顶点建立用户坐标系，XY 平面与实体侧面重合，如图 13-66 所示。

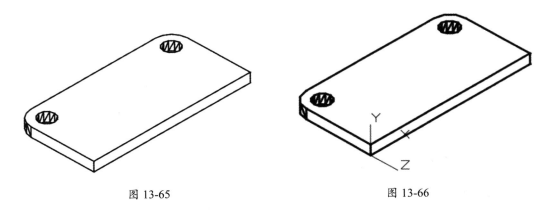

图 13-65   图 13-66

09 调用"直线"命令，绘制 5 条直线。

```
命令：L↙
指定第一个点：0,0↙
指定下一点或 [放弃（U）]：0,8↙
指定下一点或 [退出（E）/放弃（U）]：@50<45↙
指定下一点或 [关闭（C）/退出（X）/放弃（U）]：↙
命令：↙
指定第一个点：0,0↙
指定下一点或 [放弃（U）]：@50,0↙
指定下一点或 [退出（E）/放弃（U）]：@0,8↙
指定下一点或 [关闭（C）/退出（X）/放弃（U）]：@50<135↙
指定下一点或 [关闭（C）/退出（X）/放弃（U）]：↙
```

所绘制的直线如图 13-67 所示。

10 选择"编辑（M）"→"圆角（F）"命令，将两条直线倒圆角（R10mm），如图 13-68 所示。

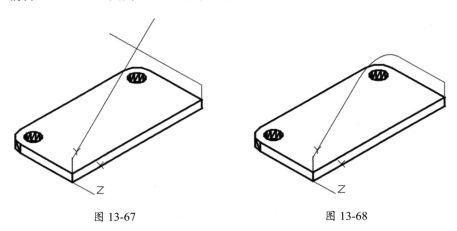

图 13-67   图 13-68

11 选择"绘图（D）"→"面域（N）"命令，然后选择绘制的 5 条直线后做圆弧，右击或按

Enter 键，完成面域创建。

12 选择"绘图（D）"→"建模（M）"→"拉伸（X）"命令，选择面域，指定拉深高度为 5mm，创建拉伸实体，如图 13-69 所示。

13 选择"修改（M）"→"实体编辑（N）"→"并集（U）"命令，合并两个实体。

14 选择"绘图（D）"→"建模（M）"→"圆柱体（C）"命令，以圆弧的圆心为中心，绘制一个圆柱体（φ20mm×5mm），如图 13-70 所示。

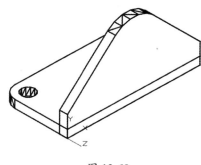

图 13-69

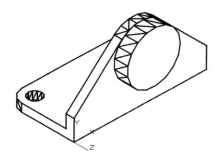

图 13-70

15 选择"修改（M）"→"实体编辑（N）"→"并集（U）"命令，合并两个实体。

16 选择"绘图（D）"→"建模（M）"→"圆柱体（C）"命令，以圆弧的圆心为中心，绘制一个圆柱体（φ10mm×15mm），如图 13-71 所示。

17 选择"修改（M）"→"实体编辑（N）"→"差集（S）"命令，从大实体中去掉小圆柱体，从而得到一个新的实体，如图 13-72 所示。

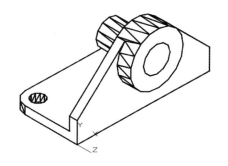

图 13-71

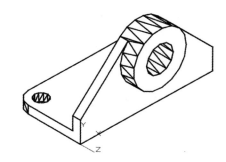

图 13-72

18 创建剖切实体。选择"修改（M）"→"三维操作（3）"→"剖切（S）"命令。

选择要剖切的对象：选择实体

选择要剖切的对象：↙

指定切面的起点或 [平面对象（O）/曲面（S）/z 轴（Z）/视图（V）/xy（XY）/yz（YZ）/zx（ZX）/三点（3）] <三点>：选择圆心点。

指定平面上的第二个点：选择圆心点的下方任意点，如图 13-73 所示

在所需的侧面上指定点或 ［保留两个侧面（B）］ ＜保留两个侧面＞：选择保留的部分

创建的剖切效果如图 13-74 所示。

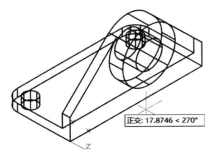

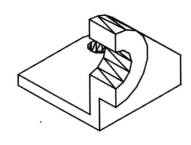

图 13-73

图 13-74

19 以实体顶点建立用户坐标系，*XY* 平面与实体侧面重合，如图 13-75 所示。

20 选择 "绘图（D）" → "图案填充（H）" 命令，在剖面位置填充图案。

21 选择 "视图（V）" → "视角样式（S）" → "消隐（H）" 命令，效果如图 13-76 所示。

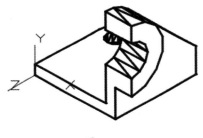

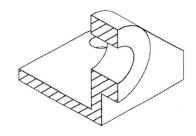

图 13-75

图 13-76

第 *14* 章　多线绘图入门

"多线"是一种由平行线组成的图形元素。在工程设计中，多线的应用非常广泛，如绘制建筑平面图中的墙体、规划设计中的道路，以及管道工程设计中的管道剖面等。

本章学习多线绘图的基本知识，掌握绘制多线的操作过程，了解建筑绘图的基本过程。

14.1　多线的基本画法

多线的绘制方法与直线类似，不同的是多线由多条线型相同的平行线组成。绘制的每一条多线都是一个完整的整体，不能对其进行偏移、延伸和修剪等编辑操作，只能将其分解为多条直线后才能编辑，绘制多线的步骤如下。

```
在命令栏中输入 Mline ✓

MLINE 指定起点或 [ 对正（J）比例（S）样式（ST）]：J ✓

输入对正类型 [ 上（T）/无（Z）/下（B）]<上>：Z ✓          //输入 T，表示多线最上面的
线随着鼠标指针移动；输入 Z，表示多线的中心线随着鼠标指针移动；输入 B，表示多线最下面的线随着鼠标
指针移动

MLINE 指定起点或 [ 对正（J）比例（S）样式（ST）]：S ✓

MLINE 输入多线比例 <0.00>：50 ✓                          //两条直线之间的默认距离为
1mm，比例设为 50mm，则两条直线之间的距离为 50mm

MLINE 指定起点或 [ 对正（J）比例（S）样式（ST）]：1000,1000 ✓

MLINE 指定下一点：1000,2000 ✓

MLINE 指定下一点：3000,2000 ✓

MLINE 指定下一点：3000,1000 ✓

MLINE 指定下一点：C ✓

再次按 Enter 键。

MLINE 指定起点或 [ 对正（J）比例（S）样式（ST）]：S ✓

MLINE 输入多线比例 <0.00>：100 ✓

MLINE 指定起点或 [ 对正（J）比例（S）样式（ST）]：2000,2200 ✓

MLINE 指定下一点：2000,800 ✓

MLINE 指定下一点：✓
```

在绘图区中用多线绘制一个矩形和一条直线，如图 14-1 所示。

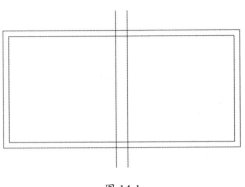

图 14-1

双击多线，在弹出的"多线编辑工具"对话框中单击"十字打开"按钮，如图 14-2 所示。

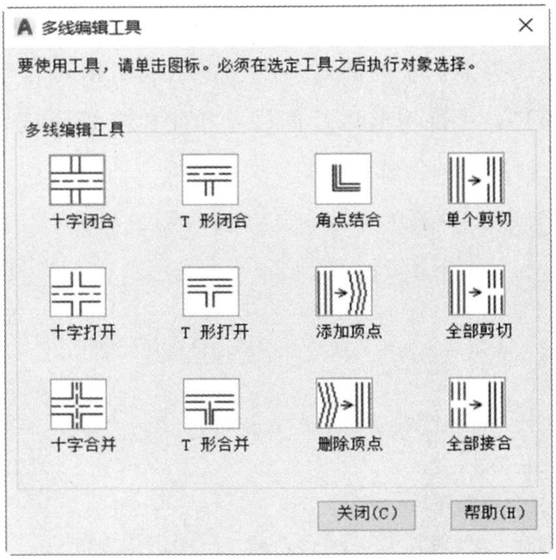

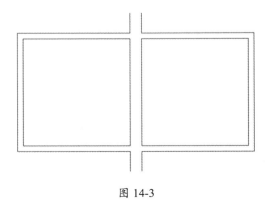

图 14-2

再选择多线和多线矩形，在矩形与直线的交点处被打断，如图 14-3 所示。

图 14-3

14.2　实例（1）

用多线绘制如图 14-4 所示的图形，步骤如下。

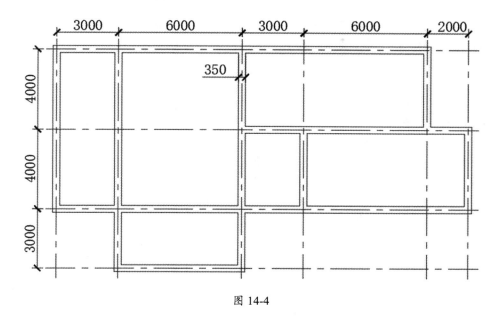

图 14-4

01 启动 AutoCAD 2020，并切换到 AutoCAD 经典界面。

02 用中心线绘制基本图形，如图 14-5 所示。

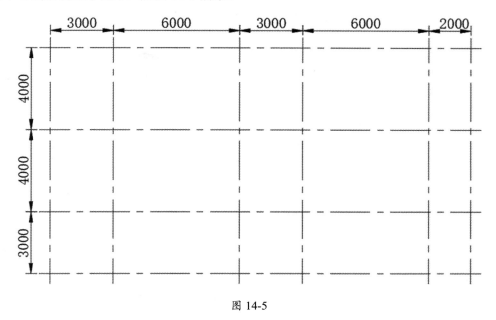

图 14-5

03 选择 "绘图" → "多线" 命令，或者在命令栏中输入 Mline。

```
MLINE 指定起点或 [对正（J）比例（S）样式（ST）]：S↙
MLINE 输入多线比例 <0.00>：350↙
MLINE 指定起点或 [对正（J）比例（S）样式（ST）]：J↙
MLINE 输入对正类型 [上（T）无（Z）下（B）]<上>：Z↙
```

沿着图 14-2 中所绘中心线的交点绘制多线，如图 14-6 所示。

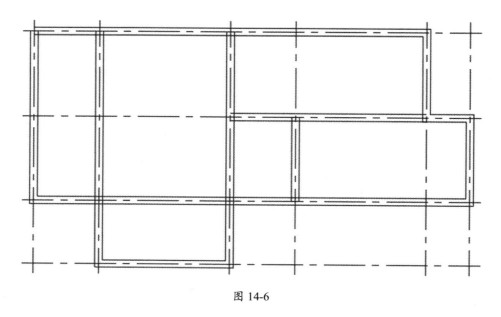

图 14-6

04 双击多线，再对多线图形的交点形状进行整理，如图 14-7 所示。

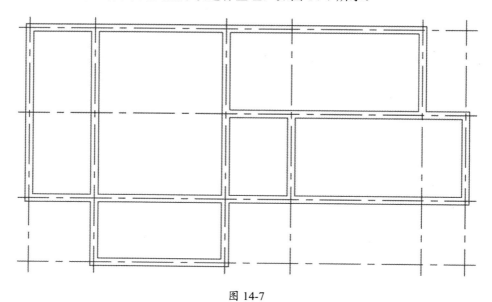

图 14-7

05 选择"标注"→"线型尺寸"命令，标注最上面两条水平中心线之间的垂直尺寸。

06 选择"修改"→"特性"命令，选中垂直标注，然后在"特性"栏中将"箭头 1"和"箭头 2"设为"建筑标记"，"箭头大小"值设为 1.5，"标注全局比例"值设为 200，"调整"设为"最佳效果"，如图 14-8 所示。

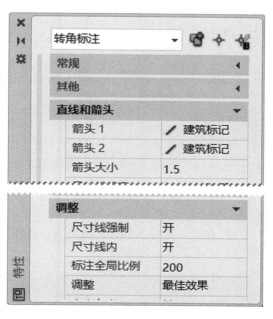

图 14-8

07 标示的垂直尺寸如图 14-9 所示。

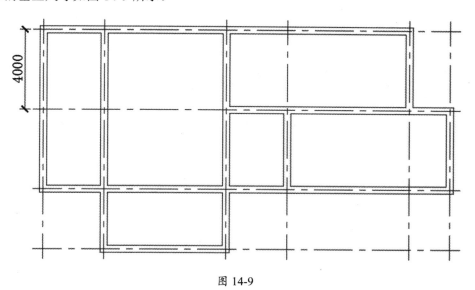

图 14-9

08 选择"标注"→"连续"命令，选择另外两条中心线，标注垂直的连续尺寸。

09 采用相同的方法，标注水平的连续尺寸，如图 14-10 所示。

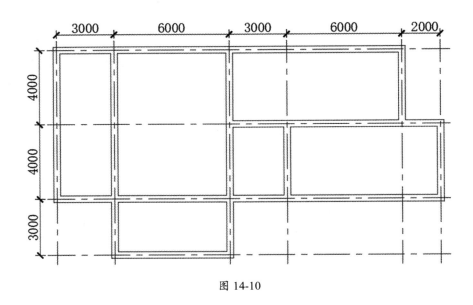

图 14-10

10 选择"标注"→"线型尺寸"命令，标注多线之间的距离，如图 14-4 中 350 字样处所示。

14.3 实例（2）

按照实例（1）的步骤，用多线绘制如图 14-11 所示的图形。

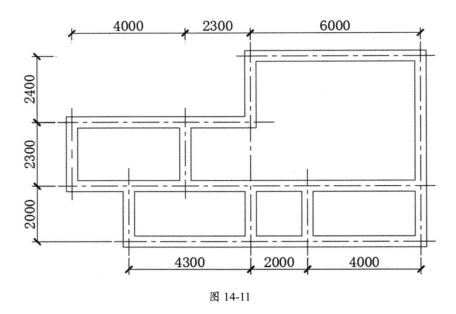

图 14-11

14.4 实例 (3)

绘制公共卫生间的平面图，如图 14-12 所示。

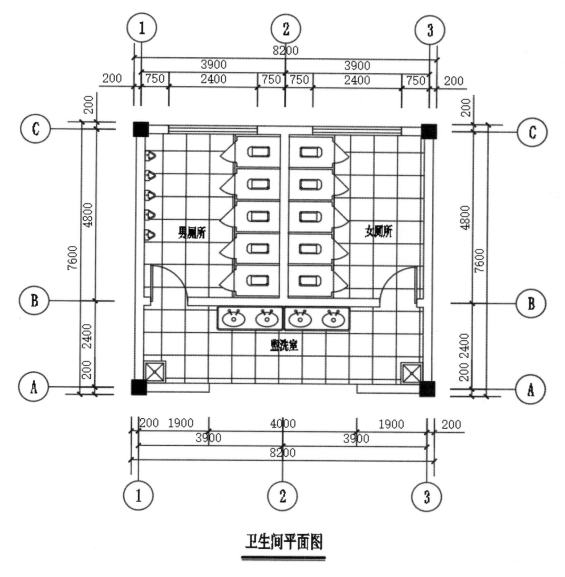

卫生间平面图

图 14-12

先建立中心线图层、粗实线图层、标注图层，然后绘制以下 3 个图形，再将这 3 个图形分别定义为块。

1. 绘制组件

01 绘制小便斗，如图 14-13 所示。

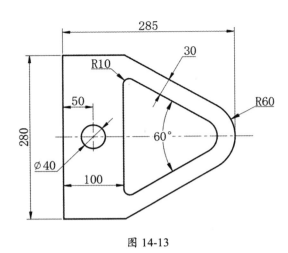

图 14-13

02 绘制蹲便器，如图 14-14 所示。

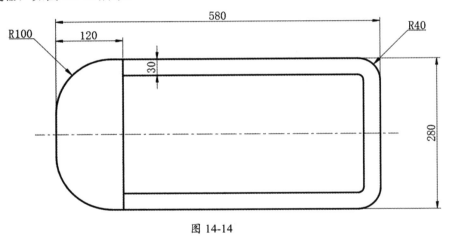

图 14-14

03 绘制洗手盆，如图 14-15 所示。

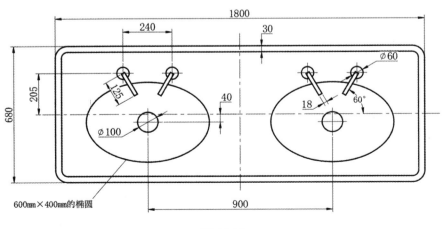

图 14-15

2. 创建墙体多线的样式

01 选择"格式（O）"→"多线样式（M）"命令，在弹出的"多线样式"对话框中单击"新建"按钮。

02 在弹出的"创建新的多线样式"对话框中，将"新样式名"设为 qiangti，"基础样式"选为 STANDARD，如图 14-16 所示。

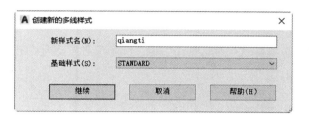

图 14-16

03 单击"继续"按钮，在"新建多线样式：QIANGTI"对话框中，选中"起点"和"端点"对应"直线"的复选框，如图 14-17 所示。

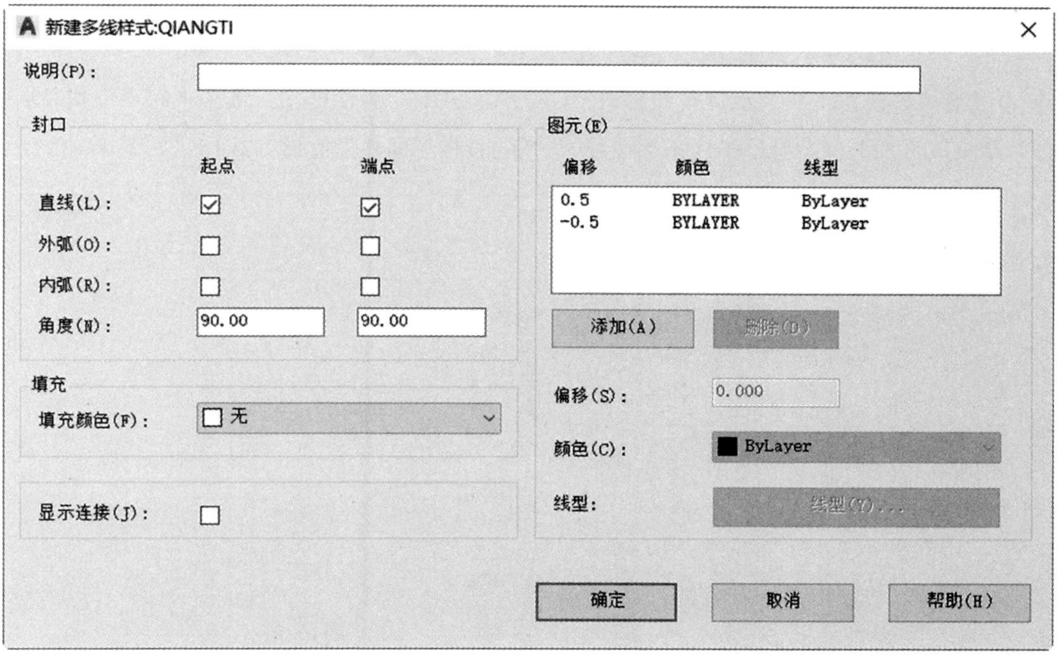

图 14-17

04 单击"确定"按钮，创建 QIANGTI 多线样式。

05 在"多线样式"对话框中将 QIANGTI 样式"置为当前"，所绘制的多线两端用直线连接，如图 14-18 所示。

图 14-18

3. 创建窗户多线的样式

01 选择"格式（O）"→"多线样式（M）"命令，在弹出的"多线样式"对话框中单击"新建"按钮。

02 在弹出的"创建新的多线样式"对话框中，将"新样式名"设为 CHUANGHU，"基础样式"选为 QIANGTI，如图 14-19 所示。

图 14-19

03 单击"继续"按钮，在"新建多线样式：CHUANGHU"对话框中，选中"起点"和"端点"对应"直线"的复选框，再单击"添加（A）"按钮，将"偏移"值设为 0.15，如图 14-20 所示。

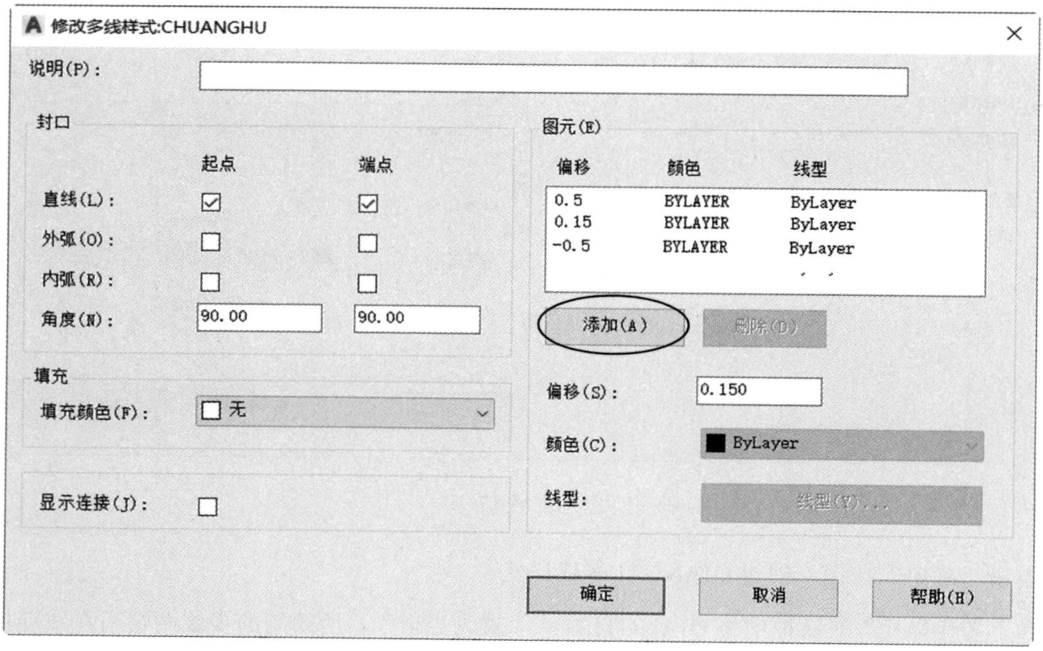

图 14-20

04 再次单击"添加（A）"按钮，将"偏移"值设为-0.15。

05 单击"确定"按钮，创建 CHUANGHU 多线样式。

06 在"多线样式"对话框中将CHUANGHU 样式"置为当前"，所绘制的创建窗户多线有4条线，如图 14-21 所示。

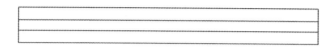

图 14-21

4. 绘制公共卫生间平面图

01 创建新文件。选择"文件"→"新建"命令，在弹出的"选择样板"对话框中单击"打开（O）"旁边的▼图标，在弹出的菜单中选择"无样板打开 - 公制（M）"命令，如图 14-22 所示，名称设为"公共卫生间平面图"。

02 建立图层。选择"格式（O）"→"图层（L）"命令，或者在命令栏中输入 LA，即可打开图层特性管理器，创建标注、窗户、辅助线、隔断、洁具、门、瓷砖、墙体、文字、柱子等图层，并设置不同的颜色和线型，线宽统一为默认，如图 14-22 所示。

状态	名称	开 冻 锁 打	颜色	线型	线宽	透明度	新	说明
	0		■白	Continuous	—— 默认	0		
	Defpoints		■白	Continuous	—— 默认	0		
	标注		□黄	Continuous	—— 0.13 毫米	0		
	窗户		□81	Continuous	—— 0.30 毫米	0		
	瓷砖		■8	Continuous	—— 0.30 毫米	0		
	辅助线		■红	ACAD_ISO04W1...	—— 0.13 毫米	0		
	隔断		□绿	Continuous	—— 0.30 毫米	0		
✓	洁具		■35	Continuous	—— 0.30 毫米	0		
	门		□青	Continuous	—— 0.30 毫米	0		
	墙体		■白	Continuous	—— 0.30 毫米	0		
	文字		■洋红	Continuous	—— 0.30 毫米	0		
	柱子		■蓝	Continuous	—— 0.30 毫米	0		

当前图层: 洁具　　　　搜索图层

全部: 显示了 12 个图层, 共 12 个图层

图 14-22

03 绘制墙体辅助线。将辅助线图层设为当前图层，线型比例设为 50，并绘制辅助线，如图 14-23 所示。

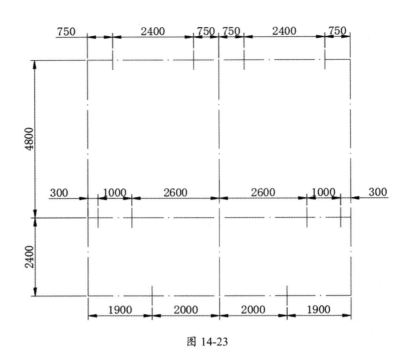

图 14-23

04 绘制墙线。将墙体图层设为当前图层，执行 Mline 命令，多线比例设为240，多线名称设置为 QIANGTI，将"对正类型"设置为 Z。

```
命令:Mline
指定起点或 [对正（J）/ 比例（S）/ 样式（ST）]: ST ↙
输入多线样式名或 [?]：  QIANGTI ↙
当前设置：对正 = 无，比例 = 240.00，样式 = QIANGTI ↙
MLINE 指定起点或 [对正（J）比例（S）样式（ST）]: S ↙
MLINE 输入多线比例 <0.00>: 240 ↙
MLINE 指定起点或 [对正（J）比例（S）样式（ST）]: J ↙
输入对正类型 [上（T）/ 无（Z）/ 下（B）] <无>：  Z
当前设置：对正 = 无，比例 = 240.00，样式 = STANDARD
指定起点或 [对正（J）/ 比例（S）/ 样式（ST）]:
指定下一点:
```

05 对多线进行编辑，效果如图 14-24 所示。

06 选择"格式（O）"→"图层（L）"命令，在打开的图层特性管理器中关闭辅助线图层，效果如图 14-25 所示。

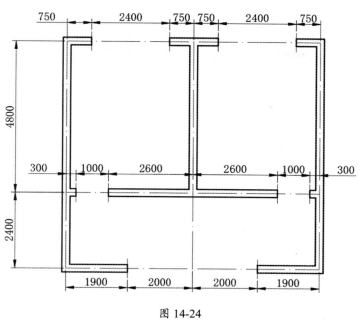

图 14-24

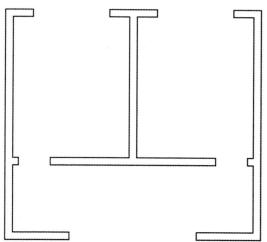

图 14-25

07 绘制"窗户"线。将窗户图层设为当前图层，执行 Mline 命令，多线比例设为 240，多线名称设置为 CHUANGHU，将"对正类型"设置为 Z。

```
命令:Mline ✓
指定起点或 [对正（J）/比例（S）/样式（ST）]: ST ✓
输入多线样式名或 [?]: chuanghu ✓
当前设置：对正 = 无，比例 = 240.00，样式 = QIANGTI ✓
MLINE 指定起点或 [对正（J）比例（S）样式（ST）]: S ✓
MLINE 输入多线比例 <0.00>: 240 ✓
```

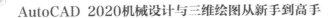

> MLINE 指定起点或 [对正（J）比例（S）样式（ST）]：J✓
>
> 输入对正类型 [上（T）/无（Z）/下（B）] <无>： Z
>
> 当前设置：对正 = 无，比例 = 240.00，样式 = STANDARD
>
> 指定起点或 [对正（J）/比例（S）/样式（ST）]：
>
> 指定下一点：

08 绘制的窗户线如图 14-26 所示。

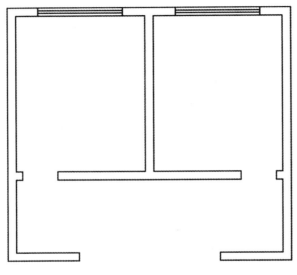

图 14-26

09 绘制门。将门图层设为当前图层，绘制两条直线和两条 1/4 圆弧，如图 14-27 所示。

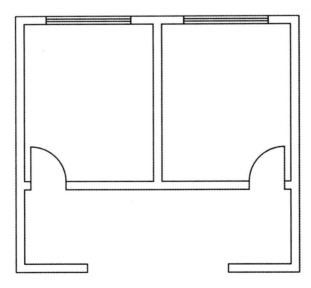

图 14-27

10 绘制柱子。将柱子图层设为当前图层，在 4 个角位绘制 4 个矩形，并用 solid 图案填充，如图 14-28 所示。

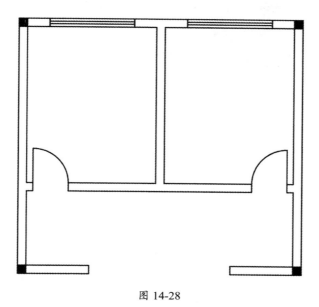

图 14-28

11 绘制蹲厕隔离墙辅助线。将辅助线图层设为当前图层，并关闭其他图层，绘制其中一个蹲厕隔离墙的辅助线，如图 14-29 所示。

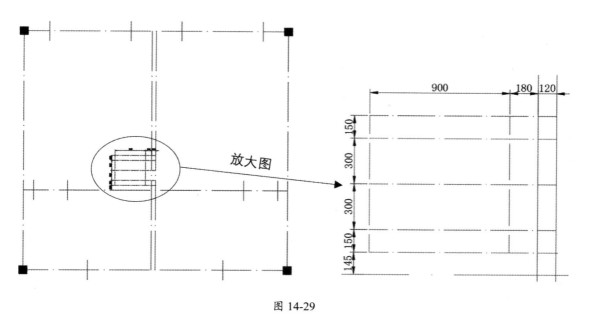

图 14-29

12 绘制蹲厕隔离墙。将隔断图层设为当前图层，将多线的比例设为 50，绘制其中一个蹲厕隔离墙，如图 14-30 所示。

```
命令：ML↙
当前设置：对正 = 无，比例 = 240.00，样式 = CHUANGHU
指定起点或 [对正（J）/比例（S）/样式（ST）]： st↙
输入多线样式名或 [?]： qiangti↙
当前设置：对正 = 无，比例 = 240.00，样式 = QIANGTI
指定起点或 [对正（J）/比例（S）/样式（ST）]： s↙
输入多线比例 <240.00>： 50↙
当前设置：对正 = 无，比例 = 50.00，样式 = QIANGTI
指定起点或 [对正（J）/比例（S）/样式（ST）]：↙
指定下一点：↙
```

13 插入蹲厕。将洁具图层设为当前图层，并插入"蹲厕"，再执行 X（分解）命令，删除蹲厕的标注和中心线，如图 14-31 所示。

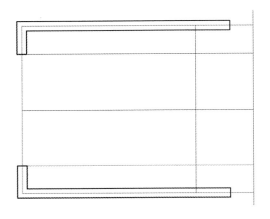 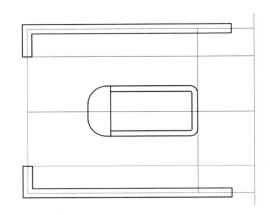

图 14-30　　　　　　　　　　　　　　　图 14-31

14 绘制蹲厕门。将"门"图层设为当前图层，绘制蹲厕门，如图 14-32 所示。

15 分解蹲厕隔离墙。执行 X 命令，分解蹲厕隔离墙，并删除多余的墙线，如图 14-33 所示。

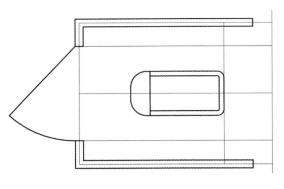 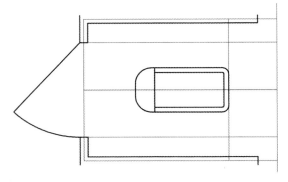

图 14-32　　　　　　　　　　　　　　　图 14-33

16 复制蹲厕。用平移和镜像命令复制蹲厕，如图 14-34 所示。

17 插入其他洁具。采用相同的方法，将洁具图层设为当前图层，插入小便斗和洗手盆，如图 14-35 所示。

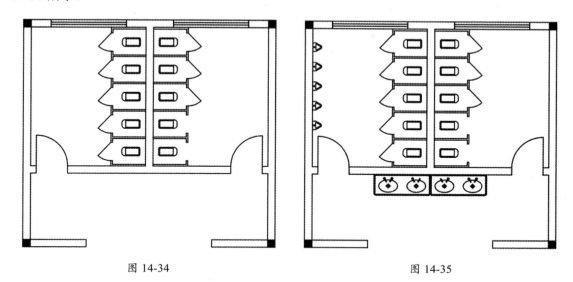

图 14-34　　　　　　　　　　　　　　　　　图 14-35

18 绘制拖布池。将"洁具"图层设为当前图层，绘制拖布池，如图 14-36 所示。

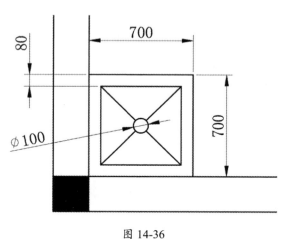

图 14-36

19 绘制瓷砖。将瓷砖图层设为当前图层，在大门和蹲厕门位置绘制一条直线，再执行"填充"命令，选择 ANSI37 图案，将填充比例设置为 200，效果如图 14-37 所示。

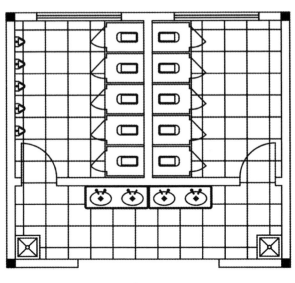

图 14-37

20 添加文字和标注，如图 14-38 所示。

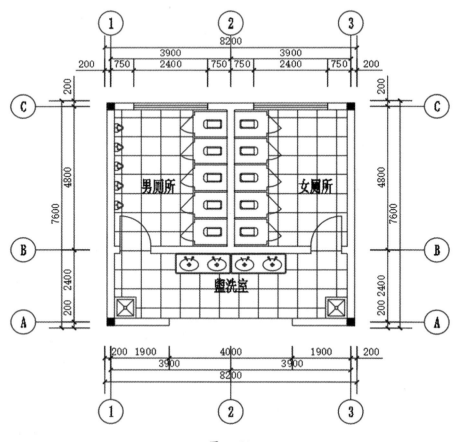

图 14-38